Dr.-Ing. Carsten Ludowig (Hrsg.)

Maulwurfshügel vermeiden
Rasenflächen erhalten

85 Abbildungen
25 Grafiken
9 Tabellen

Die Deutsche Bibliothek -CIP Einheitsaufnahme

Ludowig Dr.-Ing., Carsten
Maulwurfshügel vermeiden Rasenflächen erhalten
mit praxisgerechten Einbauanleitungen und Empfehlungen für den GaLaBau
Erscheinungsjahr 2020
ISBN 978-3-00-065267-7

Ilmenauweg 25, 30926 Seelze
Printed in Germany
Lektorat: Dr. U. Kellner ; N. Ludowig
Einbandgestaltung: Dr.-Ing. C. Ludowig
Layout: Dr.-Ing. C. Ludowig

Zusammenfassung

Für Gartenbesitzer sind Maulwurfshügel ein Ärgernis, denn sie stören das Erscheinungsbild jeder gepflegten Rasenfläche. Die primär als ästhetisches Problem wahrgenommene Ablagerung von Maulwurfshügeln hat jedoch noch weiter reichende Auswirkungen. Die Überlagerung der Gräser mit Boden aus den Gängen führt zu Kahlstellen und verursacht Schäden an der Rasennarbe, die ein gleichmäßiges Wachstum beeinträchtigen. Um möglichen Schäden und einem Qualitätsverlust entgegenzuwirken, werden zusätzliche Pflege- und Instandhaltungsmaßnahmen notwendig, die die Kosten ansteigen lassen. Nicht sichtbar und daher besonders gefährlich ist zudem die Gangbildung durch die Grabtätigkeit des Maulwurfs. Brechen Gänge ein, besteht ein erhöhtes Verletzungsrisiko für die Nutzer von Rasenflächen.

Die Bekämpfung des Maulwurfs ist auf Grund seines Schutzstatus als besonders geschützte Art gemäß BNatschG (2009) nicht erlaubt. Das Vertreiben des Maulwurfs ist per Gesetz nicht verboten. Der Handel bietet eine große Auswahl Hilfsmittel zur Vertreibung des Maulwurfs an, von denen jedoch nachweislich keinerlei vertreibende Wirkung auf die Tiere ausgeht.

Eine vielversprechende Lösung zur Vermeidung von Maulwurfshügeln auf Rasenflächen sind horizontale Barrieren aus flächig in die Rasentragschicht verbauten Geogeweben.

Das Buch geht den Fragen nach, ob und wie sich horizontale Barrieren auf das Verhalten des Maulwurfs auswirken, wie die Barrieren beschaffen sein müssen, um das Ablagern von Maulwurfshügeln an der Rasenoberfläche wirksam zu verhindern, und ob und wie sich der Einbau horizontaler Barrieren auf das Rasenwachstum sowie die Pflege- und Instandhaltung von Rasenflächen auswirkt.

Die Ergebnisse zum Verhalten von Maulwürfen im Wirkungsbereich horizontaler Barrieren wurden durch Beobachtungen auf dafür angelegten Rasenflächen sowie deren Aufgrabungen im Freiland gewonnen. Ergänzend dazu wurden Modellversuche unter Laborbedingungen vorgenommen, deren Schwerpunkt bei der Erkenntnisgewinnung zu Auswirkungen horizontaler Barrieren auf das Verhalten von im Boden lebenden Insekten und Regenwürmern lag. Ein besonderes Augenmerk lag auf der Beschaffenheit horizontaler Barrieren im Hinblick auf die Nagetätigkeit von Wühlmäusen, die häufig die Gänge von Maulwürfen nutzen. In den Untersuchungen konnte nachgewiesen werden, dass horizontale Barrieren wirksam Maulwurfshügel auf Rasenflächen verhindern. Entscheidend ist die Maschenweite der Gewebe sowie deren feste Verknüpfung an den Kreuzungspunkten. Trotz verbauter Barrieren behält der Maulwurf sein Revier bei. Deshalb ist anzunehmen, dass der Einbau horizontaler Barrieren aus fachlicher Sicht mit dem gesetzlichen Schutzstatus des Maulwurfs im Einklang steht.

Auch hat sich gezeigt, dass das Wurzelwachstum des Rasens durch das Geogewebe nicht beeinträchtigt wird, da die Wurzeln selbst feine Maschen durchdringen. Im Gegenteil, verbessert sich die Qualität des Rasens, der ungestört wachsen kann, ohne dass abgelegter Boden aus Maulwurfshügeln zu Kahlstellen mit nachfolgendem Wildkräuterbesatz führt. Somit entfallen Instandsetzungsmaßnahmen, verringern sich Pflegeaufwand und -kosten. Zudem erhöht der Einbau horizontaler

Barrieren die Nutzungssicherheit der Rasenflächen, da Unebenheiten minimiert werden. Weitere Laborversuche haben gezeigt, dass über die Maschenweite der horizontalen Barrieren die Durchlässigkeit für andere im Boden lebende Tiere bestimmt werden kann. Während bei Engerlingen und Regenwürmern die Kopfgröße der begrenzende Faktor für das Durchdringen des Gewebes ist, bestimmt für Wühlmäuse die Angriffsfläche der Nagezähne die Haltbarkeit der Barriere. Dabei stehen die Ergebnisse der Einzeluntersuchungen hinsichtlich erforderlicher Einbauweisen oder Beschaffenheit der Barriere teilweise im Widerspruch und fordern für jeden Einzelfall in der Praxis eine Abwägung, welches Ziel Vorrang haben soll.

Empfehlungen zur Verwendung horizontaler Barrieren und deren Einbau geben planenden und ausführenden Unternehmen des Garten- und Landschaftsbaus sowie privaten Gartenbesitzern ein Instrumentarium an die Hand, Maulwurfshügel auf Rasenflächen zu verhindern.

Abstract:

For garden owners molehills are a nuisance, because they disturb the appearance of every manicured lawn. However, the mounds created by the mole, which is primarily observed as an esthetic problem, have an even larger impact on the land. The superposition of grasses with soil from the tunnels leads to bald spots and causes damage to the roots, which affects a uniform growth. To counteract possible damage and a loss in quality, additional care and maintenance measures are required, which will increase costs. Not visible and therefore particularly dangerous is the tunnel formation caused by the digging activity of the mole.

If the tunnel formation collapses, there could be an increased risk of injury for those who use the lawn. Due to the moles protection status, according to BNatschG (2009) it is not allowed to combat them. By law it is not prohibited to banish the mole. The market offers a wide range of devices to expell the mole although there is no proof that these have any effect.

A promising solution to avoid molehills on lawns were horizontal barriers made of geowovens installed just under the surface.

The book examines the questions of whether and how horizontal barriers affect the behavior of the mole. How the barriers would have to be designed to effectively prevent the deposition of molehills on the lawn´s surface and whether and how the installation of horizontal barriers affects the lawns growthm, plus the care and maintenance.

The results of the mole´s behaviour within the range of horizontal barriers were obtained by observing specific lawn areas as well as their activity in the open field. In addition, certain tests were carried out under laboratory conditions. The focus being mainly on gaining insights into the effects of horizontal barriers on the behavior of insects and worms living in the soil.

Particular attention was paid to the quality of the horizontal barriers in respect of the rodent activity of voles, who often use mole tunnels. The investigations proved that horizontal barriers effectively prevent molehills on lawns. Decisive is the mesh size of the geotextiles as well as their firm linkage at the nodes. As the mole remained in its territory, despite the horizontal barriers, from a technical point of view, the installation is in keeping with the protection status of the mole.

It was also seen that the growth of the lawns roots is not impaired by the geotextile, since the roots penetrate even very fine mesh. On the contrary, the quality of the lawn improves, and thus can grow undisturbed without deposited soil from molehills which leads to bald spots followed by the growth of wild herbs. Moreover this eliminates repairs, reduces maintenance and costs. In addition, the installation of horizontal barriers increases the advanage of the use of lawns, because unevenness is minimized.

Recommendations on the use of horizontal barriers and their installation provide planners and contractors of horticulture and landscape gardening, as well as private garden owners, a tool which prevents molehills on lawns in the future.

Inhaltsverzeichnis

1. Einleitung

Maulwurfshügel auf Zier- und Gebrauchsrasen entsprechen in der Regel nicht den Vorstellungen einer gepflegte Rasenfläche. Eine Instandsetzung nach der Ablage von Maulwurfshügeln und die sich anschließende Erhaltungspflege des Rasens sind sehr aufwendig und arbeitsintensiv, so dass durch die zusätzlichen, gärtnerischen Arbeiten hohe Kosten entstehen können. So wird aus dem ästhetischen auch ein wirtschaftliches Problem.
Hinzu kommt, dass der Maulwurf (Talpa europaea) unterirdische Gangsysteme anlegt, welche die Nutzungssicherheit der Rasenflächen gefährden und beim Einbrechen ein Verletzungsrisiko darstellen. Dies ist vor allem bei Sportrasenflächen von Bedeutung. Aber auch auf zugänglichen Rasenflächen wie sie zum Beispiel in öffentlichen Grünanlagen oder auf Friedhöfen bei Rasengrabfeldern vorkommen, bergen Maulwurfshügel und Maulwurfsgänge ein Sicherheitsrisiko, zumal viele ältere Menschen die Gräber besuchen.
Die in meiner langjährigen, unternehmerischen, beruflichen Praxis wiederkehrenden Anfragen von Kunden nach Mitteln und Verfahren, Maulwurfshügel in Rasen zu verhindern, beziehungsweise von Maulwurfshügeln freie Rasen zu erhalten, haben den Anstoß gegeben, sich mit dem Thema der Maulwurfsvergrämung auseinanderzusetzen. Dabei hat die Erfahrung gezeigt, dass die im Handel angebotenen Mittel weitestgehend wirkungslos sind, es also bislang keine Möglichkeit gibt, den Maulwurf langfristig aus den Rasenflächen zu vertreiben. Diese eigenen Beobachtungen haben Versuche der Biologischen Bundesanstalt für Land- und Forstwirtschaft (BBA) in der 2003 von Pelz durchgeführten Untersuchung bestätigt. Die Schwierigkeit bei der Lösung des Problems ergibt sich aus dem gesetzlichen Schutzstatus des Maulwurfs, der durch das Bundesnaturschutzgesetz (BNatSchG) besonders geschützt ist.
Das Gesetz verbietet das Beunruhigen, Fangen, Verletzen oder Töten der Tiere, ebenso wie das Beschädigen oder Zerstören der Fortpflanzungs- und Ruhestätten. Der Schutzstatus des Maulwurfs stellt also besondere Anforderungen, wenn maulwurfhügelfreie Rasen geschaffen und erhalten werden sollen.
Das Ziel der Problemlösung muss deshalb die Vermeidung von Maulwurfshügeln auf Rasenflächen bei gleichzeitiger Duldung des Maulwurfs sein.
Wie dringlich eine Lösung des „Maulwurfproblems“ ist, zeigt bereits das große Interesse an den ersten Ergebnissen meiner Untersuchungen und Beobachtungen, sowohl in Fachkreisen als auch in der breiten Öffentlichkeit.
Von der Berücksichtigung bei der Überarbeitung der DIN 18917: 2018, über Veröffentlichungen in Fachzeitschriften, der Thematisierung in Fachverbänden wie der Deutschen Rasengesellschaft e.V., und dem Verein ökologischer Schädlingsbekämpfer e.V., bis hin zu Veröffentlichungen in der Tagespresse und Ausstrahlungen in Rundfunk und Fernsehen.

Wissenschaftliche Untersuchungen, welche die beiden Themenbereiche „Maulwurf“ und „Rasen“ unter Berücksichtigung gesetzlicher Anforderungen miteinander verknüpfen, gab es bisher noch nicht. In seinem umfangreichen Werk “Der Maulwurf“ hat Witte 1997 eine fundierte Monographie über den Maulwurf veröffentlicht, auf die sich dieses Buch stützt. Erkenntnisse anderer Autoren beziehen sich auf Teilaspekte, wie z.B. auf Versuche zur Vertreibungswirkung schallwellenerzeugender Geräte zur Maulwurf- und Wühlmausvergrämung (Pelz, 2003) oder Versuche zum praxisgerechten Betrieb von Barrieresystemen zur Abwehr von Wühlmausschäden im

ökologischen Obstbau (Walter und Pelz, 2006). Eigene Vorversuche zeigten, dass der Einbau von Geogeweben als horizontale Barriere im Wurzelbereich der Gräser – bisher noch nicht wissenschaftlich untersucht – eine vielversprechende Möglichkeit darstellt, das Aufwerfen von Maulwurfshügeln zu vermeiden, ohne den Maulwurf aus seinem Lebensraum zu vertreiben.
Daraus ergaben sich folgende Fragen, denen ich in meiner Dissertation nachgegangen bin und mit diesem Buch veröffentliche:

- Wie müssen die Barrieren aus Geokunststoffen beschaffen sein, um einerseits den Maulwurf am Ablagern der Hügel zu hindern und andererseits die Entwicklung und die Qualität des Rasens nicht zu beeinträchtigen? Hier ist zu berücksichtigen, dass auch Wühlmäuse das Gangsystem des Maulwurfs nutzen. Da diese zu den Nagetieren gehören, wurde geprüft, wie die Barrieren beschaffen sein müssen, um auch Wühlmäuse am Durchdringen zu hindern.

- Wie ist der Einsatz von horizontalen Barrieren im Hinblick auf die Bestimmungen des BNatSchG zu bewerten? Im Hinblick auf den gesetzlichen Schutzstatus des Maulwurfs stellt sich unter anderem die Frage, wie sich der flächige Einbau einer Barriere auf das Verhalten des Maulwurfs auswirkt. Mit der Beantwortung dieser Frage lässt sich beurteilen, ob der flächige Einbau von Barrieren den Bestimmungen des BNatSchG entspricht. Ausschlaggebend war bei der Beantwortung dieser Frage, ob der Maulwurf zum Beispiel weiterhin in den Flächen mit Barriere aktiv ist oder ob er seinen Lebensraum in benachbarte Bereiche verlagert.

- Wie wirkt sich der Verbau horizontaler Barrieren auf die Sicherheit der Nutzer von Rasenflächen aus? Dabei wurde insbesondere der Frage nachgegangen, ob mit dem Verbau horizontaler Barrieren eine Verbesserung der Nutzungssicherheit auf Gebrauchsrasenflächen erzielt werden kann. Diese Frage ist im Hinblick auf die unterschiedlichen Nutzungen eines Gebrauchsrasens, zum Beispiel als Hausgarten oder als Sportrasen von Bedeutung. Dieser Fragestellung kommt auch bei der Verwendung von Barrieren in Rasengrabanlagen auf Friedhöfen eine große Bedeutung zu, insbesondere wenn unter der Barriere liegende Gräber einbrechen.

- Lässt sich die Pflege- und Instandsetzung von Rasenflächen durch den Einbau einer horizontalen Barriere verbessern? Es wurde untersucht, welche zusätzlichen Pflege- und Instandsetzungsmaßnahmen durch die Grabaktivitäten des Maulwurfs in Rasenflächen verursacht werden und welche Maßnahmen durch den Einsatz horizontaler Barrieren entfallen. Dabei lieferte die Ermittlung des Zeitaufwands, den zusätzliche Pflege- und Instandsetzungsmaßnahmen auf barrierelosen Rasenflächen beanspruchen, ein wichtigen Beitrag die Wertigkeit der Maßnahmen und damit die zusätzlichen Kosten zu bemessen.

Die Erfahrungen aus den Voruntersuchungen wurden im Hinblick auf die genannten Fragen ausgewertet und im Rahmen meiner wissenschaftlichen Arbeit um systematische Beobachtungen und Untersuchungen ergänzt. Dabei wurden ausschließlich die Auswirkungen auf Zierrasen, Gebrauchsrasen und Strapazierrasen für sportliche Nutzung, wie sie in der DIN 18917: 2018 definiert sind, betrachtet.

Ähnlich wie in der DIN 18917: 2018, beschreiben Gandert und Bureš den Begriff „Rasen“ wie folgt: „Der Begriff Rasen kennzeichnet heute eine den Erdboden bedeckende Pflanzengemeinschaft aus vorwiegend dicht beisammen wachsenden

Gräsern, welche die Gras- oder Rasennarbe bilden, die nicht landwirtschaftlich genutzt wird. [...] Rasenflächen [dienen] der unmittelbaren Nutzung, zur biologischen Sicherung und ästhetischen Gestaltung von Bodenflächen. Sie sind vorwiegend als Bestandteil von Grünanlagen, Gärten, Sport- und Erholungsstätten sowie als Begrünungsflächen an Bauwerken und in der Landschaft Vegetationselemente zur Verbesserung des menschlichen Lebensmilieus." (Gandert und Bureš, 1991).

Doch über die von Gandert und Bureš genannte „Pflanzengemeinschaft" hinaus, muss eine umfassende Betrachtung des Lebensbereiches Rasen und das Zusammenspiel von Flora und Fauna, erfolgen. So nutzen Wühlmäuse (Arvicola) die Gangsysteme der Maulwürfe und halten sich in ihnen auf (Witte, 1997). Wühlmäuse dürfen, anders als Maulwürfe, gefangen und getötet werden, da sie nicht zu den besonders geschützten Arten gehören. Da es hinsichtlich des Lebensraums und der artspezifischen Lebensweise von Maulwürfen und Wühlmäusen thematische Überschneidungen gibt, werden diese bei der Betrachtung relevanter Aspekte auch berücksichtigt.
Zur Beantwortung der genannten Fragen wurden folgende Untersuchungsmethoden eingesetzt:

Anlage von Versuchsfeldern
- zur Untersuchung der Auswirkungen unterschiedlicher horizontal in den Boden eingebauter Geogewebe und Geogitter auf das Verhalten des Maulwurfs
- Untersuchungen zu den Auswirkungen auf das Rasenwachstum

Aufgrabungen
- oberhalb und unterhalb der Barrieren zur Untersuchung ihrer Auswirkung auf die Durchlässigkeit gegenüber Regenwürmern
- zur Untersuchung der angelegten Maulwurfsgänge oberhalb und unterhalb der Barriere

- **Laborversuche**
- zur Ermittlung der wirksamen Maschenweite des Barrierematerials zur Vermeidung von Bodenverfrachtungen durch die Barriere
- zur Ermittlung der Durchlässigkeit gegenüber anderen Bodenlebewesen wie Regenwürmern, Engerlingen und Tipulalarven
- zur Durchlässigkeit der Barrieren gegenüber Rasenwurzeln
- zur Widerstandsfähigkeit der Barrieren gegenüber Nagern wie Ratte und Lemming

Die Ergebnisse münden in Empfehlungen für einen fachgerechten Einbau horizontaler Barrieren, durch den Maulwurfshügel auf Rasenflächen unter Einhaltung naturrechtlicher Vorgaben, wirksam verhindert werden. Dabei werden die Aspekte zur Auswahl geeigneter Materialien, ihrer Struktur sowie die Einbautiefe der Barrieren besonders hervorgehoben.

Abgrenzung des Themas
Es gibt hinsichtlich des Lebensraums und der artspezifischen Lebensweise der Maulwürfe (Talpa europaea) und Wühlmäuse (Arvicola), wie z.B. die gemeinsame Nutzung des Gangsystems, thematische Überschneidungen, die in diesem Buch bei der Betrachtung an geeigneter Stelle berücksichtigt werden. Darüber hinaus werden Wühlmäuse nicht betrachtet.

2. Die Grabtätigkeit des Maulwurfs und deren Auswirkungen auf die Rasennarbe, die Nutzungssicherheit und die Pflege- und Instandhaltungsmaßnahmen

Der Maulwurf erfüllt durch seine Grabtätigkeit eine wichtige und nützliche Funktion im Ökosystem, er lockert den Boden und frisst dabei unter anderem Larven rasenschädigender Insekten. Dabei kann der Maulwurf durch die Grabaktivitäten jedoch auch Schäden verursachen.

Zum Verständnis der Beziehungen zwischen der Lebensweise des Maulwurfs und den Auswirkungen seiner Grabtätigkeit auf Rasenflächen, werden diese grafisch dargestellt (Abb. 2).

2.1 Entstehung oberflächennaher Gangsysteme und Maulwurfshügel

„Die Grabtätigkeit dient der Ausbreitung, der Anlage von Streifräumen und Territorien (Jagd- und Wohngebieten) sowie dem Schaffen eines Mikroklimas im gesamten unterirdischen Aktionsraum", fasst Witte (1997) die Gründe für das Graben von Gängen durch den Maulwurf zusammen. In dem Gangsystem des Maulwurfs unterscheidet Witte die drei folgenden Gangtypen:

- flach verlaufende Oberflächengänge (in 1 bis 3 cm Tiefe), die er Tunnel nennt.
- mitteltiefe Gänge (in ca. 10 cm Tiefe), die im Hauptwurzelhorizont von Kraut- und Staudenpflanzen liegen und im Wesentlichen als Jagdgang genutzt werden. Diese Gänge werden nach Wittes Ausführungen wahrscheinlich häufig umgelegt.
- tiefe Gänge (bis zu 60 cm; im Extremfall auch bis 100 cm Tiefe), die überwiegend als Verbindungswege zwischen Jagd- und Wohnbereich dienen und über Röhren mit Maulwurfshügeln und deren Belüftungs- und Ausstiegsöffnungen verbunden sind.

Wie Knotenpunkte werden die Nester in das Gangsystem eingebunden. Um diese und tiefer liegende Gänge ausreichend zu belüften, gräbt der Maulwurf fast senkrechte Bewetterungsschächte, die eine offene Verbindung zur Bodenoberfläche herstellen. Diese Bewetterungsschächte werden nach Untersuchungen von Buschinger & Witte (1976) in einem Abstand von 5 bis 7 m angelegt und enden meist zwischen Wurzeln und Vegetation niedriger Wuchshöhe (Witte, 1997). Ob diese Schächte auch in Rasenflächen angelegt werden, wird nicht beschrieben, ist aber anzunehmen.

Die Nahrung von Maulwürfen besteht zu etwa 80 % aus Regenwürmern und zu ca. 20 % aus Insekten. In Lebensräumen, in denen Regenwürmer nicht in ausreichendem Maß verfügbar sind, ernährt sich der Maulwurf überwiegend von Jugendstadien bodenbewohnender Insekten (Witte, 1997).

Dazu gehören die Larven der Wiesenschnake, des Schnellkäfers oder des Blatthornkäfers sowie anderer Insekten, die als Rasenschädlinge gelten. Maulwürfe fressen keine Pflanzenteile und verursachen deshalb keine Fraßschäden an Rasenwurzeln, doch durch das oberflächennahe Graben zur Anlage von Jagdgängen oder während des Absammelns wurzelfressender

Larven im Bereich von 1 bis 3 cm Tiefe, also im Hauptwurzelhorizont des Rasens, werden Pflanzenwurzeln abgerissen.
Die Entstehung eines Maulwurfhügels beschreibt Witte als ein fortwährendes Einarbeiten und Einpressen von Abraumportionen unter die Oberfläche. Mit seinen Grabhänden lockert der Maulwurf den Boden und befördert, verlagert und entsorgt einen Teil davon direkt im Gangsystem, das durch das Verpressen von Boden in die Gangwände stabilisiert wird. (Witte, 1997).
Der Boden, der nicht in die Gangseitenwände eingearbeitet werden kann, wird unter die Oberfläche verfrachtet (Witte, 1997). Durch das Eindrücken des Bodens unter der Rasennarbe gibt diese nach, es entstehen kleine Hohlräume, sog. Kavernen, in die der Maulwurf die nächste Bodenportion einarbeitet. Dieser Vorgang wiederholt sich so lange, bis die obere Bodenschicht oder die Rasennarbe aufbricht. Der Boden wird auf die Rasenoberfläche gedrückt und dort als Maulwurfshügel ablagert (Witte, 1997).

2.2 Beeinträchtigungen des Rasens

Erst die Maulwurfshügel machen die Existenz eines Maulwurfs in der Rasenfläche sichtbar. Vor allem sind sie auf gepflegten Zier-, Gebrauchs- und Strapazierrasen ein Ärgernis, denn neben der Störung des ästhetischen Anspruchs, beeinträchtigen sie die Rasennarbe und mindern die Nutzungssicherheit der Rasenfläche drüber hinaus verursachen sie zusätzliche Pflege- und Instandhaltungsmaßnahmen und damit auch zusätzliche Kosten (Abb. 1).
Die Überlagerung des Rasens mit Maulwurfshügeln führt zur Bildung von Kahlstellen, die Rasenoberfläche wird uneben und die Nutzungssicherheit nimmt ab. Diese Zusammenhänge, denen sich bisher keine wissenschaftliche Literatur widmet, lassen sich aufgrund eigener Beobachtungen zahlreicher Rasenflächen in der Region Hannover über einen Zeitraum von 18 Jahren dezidiert beschreiben. Auf den 12 Beobachtungsflächen wurden dabei in vierteljährlichen Kontrollen während der Vegetationsperiode zwischen März und November insgesamt 195 Einzeluntersuchungen (vgl. Tabelle 3) durchgeführt.

Abb. 1:
Maulwurfshügel auf einer Rasenfläche als Zeichen der Existenz eines Maulwurfs

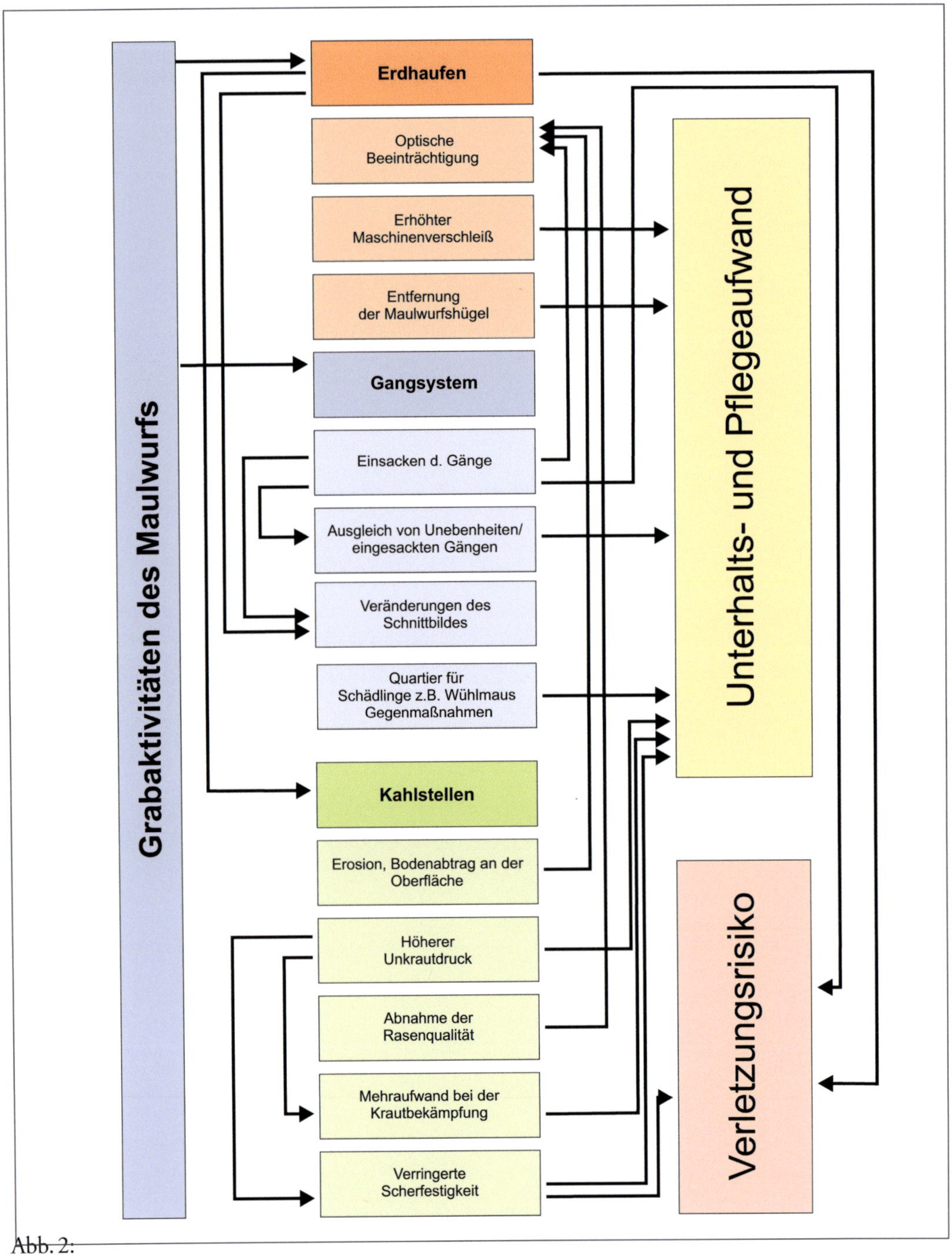

Abb. 2:
Auswirkungen der Grabaktivitäten des Maulwurfs auf die Rasennarbe, die Pflege- und Instandhaltung sowie die Nutzungssicherheit der Rasenflächen

2.2.1 Narbenschäden durch Ablagerung von Maulwurfshügeln

Durch das Ablagern der Maulwurfshügel auf Rasenflächen kommt es zu einem Lichtmangel der Gräser in den überlagerten Bereichen, in denen der Rasen zunächst vergilbt und dann abstirbt (Abb. 3 und 4). Der Rasen wäre nach 7 Tagen durch einen sorgfältigen Bodenabtrag noch zu regenerieren, nach 14 Tagen ist das nicht mehr möglich.

Abb. 3:
Auswirkung der Abraumüberlagerung auf die Rasennarbe nach 7 Tagen: Gräser mit einsetzender Blattvergilbung

2.2.2 Entstehung von Kahlstellen

Wird die Rasennarbe mit Abraummaterial überlagert oder kommt es zu deren Abtrag, entstehen Kahlstellen. Samen, die mit dem Abraummaterial an die Oberfläche gelangt sind, können unter Lichteinwirkung keimen. Da Kahlstellen auch ein Saatbett für Samen darstellen, die über den Wind transportiert werden, ist die Besiedelung auch auf diesem Weg möglich. Diese überwiegend zweikeimblättrigen, krautigen Pflanzen, die dann die Kahlstellen besiedeln, sind unerwünschte Beikräuter (Abb. 5 und 6). Weist der auf die Oberfläche gelangte Abraum einen anderen, für die Beikräuter günstigeren pH-Wert auf,

Abb. 4:
Auswirkung der Abraumüberlagerung auf die Rasennarbe nach 14 Tagen:
Die Gräser sind abgestorben

In Zier-, Gebrauchs- sowie Strapazierrasenflächen sind alle Pflanzen unerwünscht, die zur Gruppe der zweikeimblättrigen gehören, während Gräser zu der Gruppe der einkeimblättrigen Pflanzen gehören. Der Begriff Beikräuter wird nachfolgend für die im Rasen unerwünschten Pflanzen verwendet.

Abb. 5:
Beginnende Besiedlung einer Kahlstelle im Rasen mit unerwünschten Pflanzen

Abb. 6:
Die farbige Markierung zeigt den Anteil krautiger Vegetation bei beginnender Besiedlung einer Kahlstelle

Abb. 7:
Nicht sorgfältig abgetragener Maulwurfshügel, Bodenückstände überlagern die Rasennarbe

kann sich das für diese als ein Standortvorteil auswirken. Die Wachstumsbedingungen verbessern sich dann für die Beikräuter und damit auch ihre Ausbreitung. Es käme zu einer standortbedingten Konkurrenz zu den Gräsern. Kräuter setzen die Widerstandsfähigkeit des Rasens gegen Bodenabtrag herab. (Knapp, 1959, in Witte 1997). Bei Sportrasenflächen oder auf intensiv genutzten Rasenflächen können Narbenschäden durch Kahlstellen oder Krautbewuchs zu einer Abnahme der Scherfestigkeit führen

Kahlstellen können auch entstehen, wenn unzureichend entfernte Maulwurfshügel Überhöhungen in der Rasenfläche bilden. Werden diese mit einer Schaufel oberflächlich abgetragen oder mit dem Gehäuse des Rasenmähers verschoben, (Abb. 7 und 11) kommt es zu einer Überlagerung der Rasennarbe mit Boden und damit zu weiteren Kahlstellen.

Bei dem Abtragen von Maulwurfshügeln wurde beobachtet, dass die Rasennarbe bzw. ein Teil davon, welches ungefähr der Größe des Maulwurfgangs entspricht, jedoch auch größer sein kann, durch das Auspressen des Bodens nach oben gedrückt wird und sich aufrichtet (Abb. 8).

Abb. 8:
Maulwurfshügel mit hochgedrückter Rasennarbe am Rand der Erdablagerung

Abb. 9:
Entfernter Boden über Maulwurfsgang, hochgedrückte Rasennarbe fällt nicht zurück

Durch weiteres Nachschieben des Abraummaterials stellt sich das Rasenstück immer weiter auf. Es kann durch den nachgeschobenen Boden nicht in die ursprüngliche Position zurückfallen und wird nach und nach von dem nachgeschobenen Abraum bedeckt (Abb. 9).

Entfernt man den Hügel mit einer Schaufel, indem man den aufgeworfenen Boden über der Rasenfläche abschiebt, sticht man die aufgerichtete Rasennarbe ab und entfernt diese mit dem Abraum. Dadurch entsteht eine vegetationslose Stelle im Bereich des ehemaligen Maulwurfshügels.

Werden der verschobene Boden oder der Maulwurfshügel mit den Rädern des Rasenmähers überfahren, kommt es zu einer Verdichtung des Bodens und die Gräser sterben in diesem Bereich ab. Die verbleibenden Überhöhungen in der Rasenfläche führen zu einem Bodenkontakt der Schneideinrichtungen. Entweder kommt es dann zu einem sehr kurzen „glatzenartigen" Schnitt der Gräser wie in Abb. 13 oder die Rasennarbe wird durch das Eindringen der Messer oberflächlich abgeschält. Durch den sehr kurzen, glatzenartigen Schnitt der Gräser, werden die flachwachsenden Beikräuter begünstigt, die sich durch das Lichtangebot schnell entwickeln können. Darüberhinaus kommt es bei den Rasengräsern bedingt durch den kurzen Schnitt infolge intensiver Sonneneinstrahlung zu Stress und Blattverbrennungen. Auch hierdurch entstehen in Folge Kahlstellen auf denen sich Beikräuter ansiedeln und ausbreiten können.

Abb. 10:
Maulwurfshügel, Durchmesser 37 cm, Höhe 12 cm
Bodenart: Lösslehm, nass

Abb. 11:
Maulwurfshügel nach dem Verschieben mit dem Rasenmäher; Bodenverteilung auf einer Länge von 120 cm und einer Breite von 50 cm

Abb. 12: Beeinträchtigte Ebenheit der Rasenfläche durch unzureichend entfernten festgefahrenen Maulwurfshügel

Abb. 13: Kahlstellenbildung durch Kontakt der Mähmesser mit der überhöhten Rasennarbe — glatzenartiger Schnitt

2.2.3 Veränderung der Ebenheit und Beeinträchtigung der Nutzung

Veränderungen der Ebenheit einer Rasenfläche entstehen durch Bodenaufträge, wie zum Beispiel beim Überlagern des Rasens mit dem Abraum aus dem Gangsystem, aber auch durch Vertiefungen in Folge einbrechender oberflächennaher Gangabschnitte. In beiden Fällen wird die Sicherheit der Nutzer während der Benutzung der Rasenflächen durch die Grabtätigkeit des Maulwurfs erheblich beeinträchtigt.

Durch das Einbrechen ungenutzter Gänge entstehen Vertiefungen in der Rasenoberfläche, wie in der Abbildung 14 und 15 gut zu erkennen ist. Ebenso wie Vertiefungen sind auch Überhöhungen, wenn sie mit Rasen überwachsen sind, visuell nur noch sehr schwer bis gar nicht wahrnehmbar. Beim Begehen der Rasenflächen sind diese Unebenheiten jedoch spürbar und können bei Personengruppen mit gesundheitlichen oder motorischen Einschränkungen des Bewegungsapparates zu Unsicherheiten oder auch zu Stürzen führen.

Probleme dieser Art ergeben sich zum Beispiel auf Friedhöfen bei Rasengrabanlagen, die vielfach von älteren Menschen besucht werden. Diese können, weil im Alter die Sinnesleistungen, wie zum Beispiel das Sehen und der Gleichgewichtssinn abnehmen, „Hindernisse" nicht erkennen oder zu spät wahrnehmen, so dass es leicht zu Stürzen kommen kann. Ebenso verhält es sich beim plötzlichen Einbrechen der Gänge bei Belastung, da die Betroffenen von dem Einbrechen des Gangabschnitts überrascht werden.

Auf Sportplätzen entsteht im Zusammenhang mit den schwer wahrnehmbaren Unebenheiten dagegen eine besondere Problematik, durch die es in Verbindung mit schnellen und oft auch abrupten Bewegungsabläufen, zu Stürzen und schweren Verletzungen kommen kann (Abb. 14 und 15).

Auf Friedhöfen kommt dem Entfernen der Hügel in Rasengrabanlagen aus Pietätgründen eine große Bedeutung zu. Die Gräber werden hier im Allgemeinen mit Grabsteinen gekennzeichnet, die in die Rasenfläche eingelassen sind und deren Oberfläche mit der Rasenoberfläche höhengleich abschließt. Dabei werden die Grabsteine als sogenannte Kopfplatten oder Kopfsteine ausgeführt. In den Rasenreihengrabanlagen konnte beobachtet werden, dass die Maulwurfshügel oftmals im direkten Bereich, zum Teil auch über den Kopfsteinen abgelagert wurden und diese somit verschmutzten (Abb. 16).
Die Überlagerung der Kopfsteine mit Maulwurfshügeln bringen die Besucher der Grabstätten mit einer unzureichenden Pflege- und Instandsetzung der Grabanlagen in Verbindung.
Beobachtungen haben gezeigt, dass sich die Ablagerung von Maulwurfshügeln an den Kopfsteinen konzentrierte. Dieses ist durch den Aufenthalt der Regenwürmer unter den Grabsteinen zu erklären, unter denen die Bodenfeuchtigkeit höher ist als in dem angrenzenden Boden. Die Jagdgänge werden unter den Kopfsteinen gegraben, der Abraum wird an der Oberfläche in unmittelbarer Nähe zu den Kopfsteinen abgelagert. Dabei kommt es, zu einer Überlagerung der Kopfsteine mit Abraummaterial und zu einer Verschmutzung der Steine (Abb. 16 und 151-152).

Abb. 14:
Absacken der Rasenoberfläche durch einbrechende Maulwurfsgänge

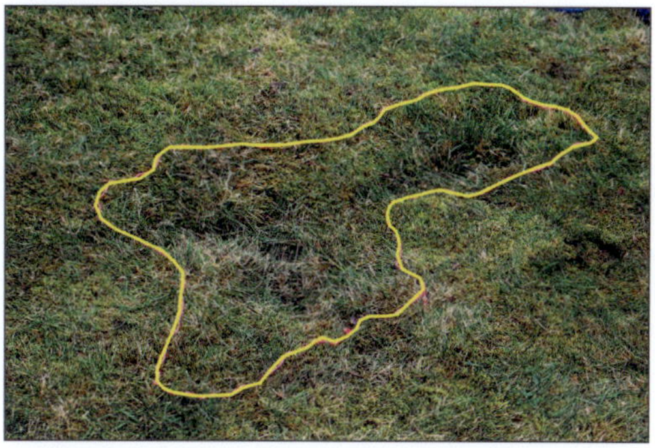

Abb. 15:
Schlecht sichtbarer, abgesackter Bereich einer Rasenfläche, in Folge eingebrochener Maulwurfsgänge

Abb. 16:
Konzentration von Maulwurfshügeln im Bereich der Kopfsteine als Zeichen verstärkter Aktivität des Maulwurfs

Veränderungen der Ebenheit führen unter anderem zu Veränderungen des Schnittbildes, denn beim Überfahren der Unebenheiten wird das Messer des Rasenmähers nicht mehr parallel zur Rasenfläche geführt. Der Winkel, mit dem das Messer auf die Rasengräser auftrifft, ändert sich und damit wird das Schnittbild des Rasens unregelmäßiger. Wie sich die Veränderung der Ebenheit bei einer Schnitthöhe von 4,0 cm direkt auf

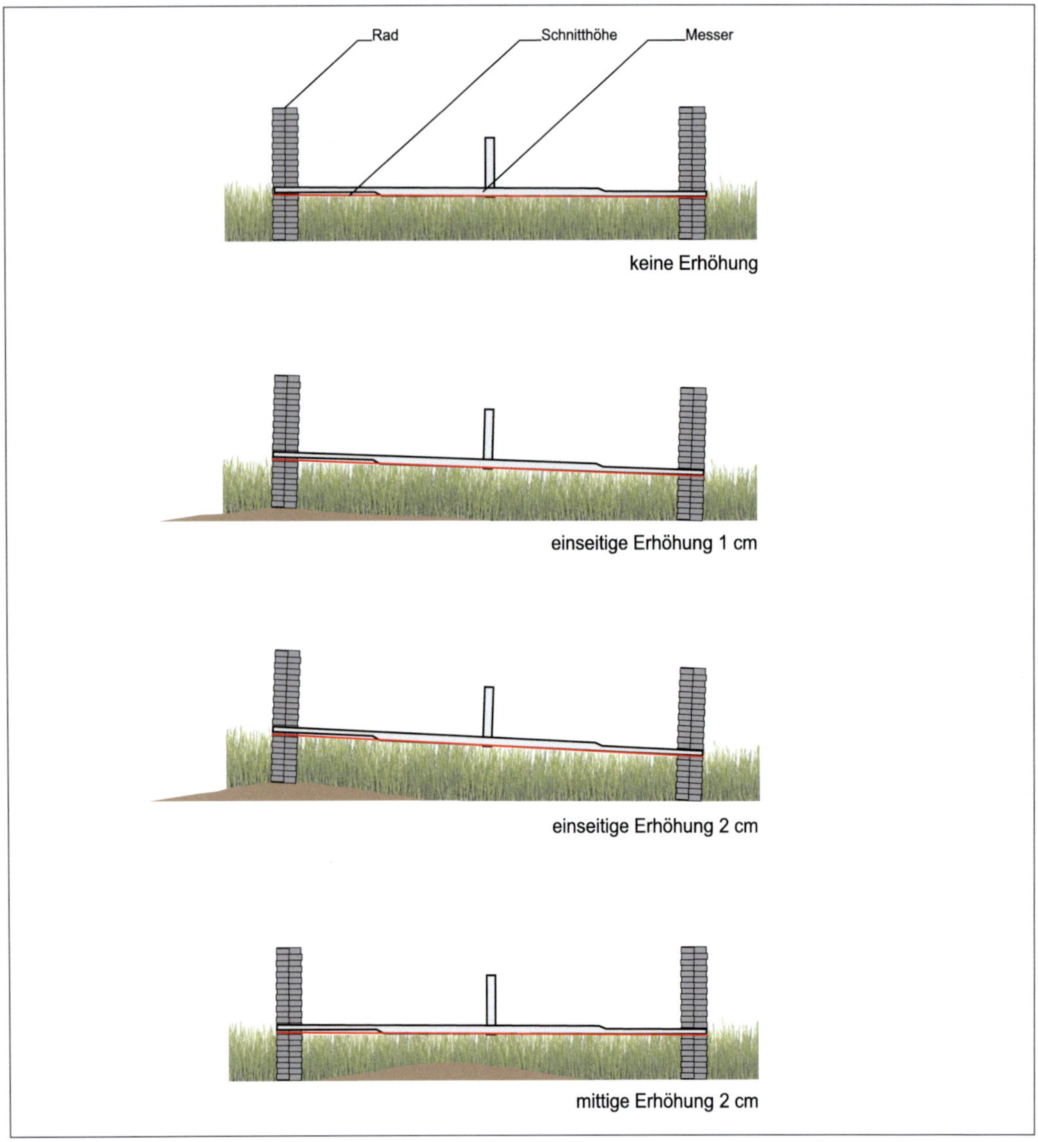

Abb. 17:
Auswirkungen auf das Schnittbild durch Unebenheiten auf dem Rasen

das Schnittbild des Rasens auswirken kann, ist in der Abbildung 17 grafisch dargestellt. Durch die kleinräumigen Vertiefungen in der Rasenfläche kommt es gegebenenfalls zu Schäden an den Mähwerkzeugen. Je nach Größe des eingebrochenen Gangbereichs, können Rasenmäher beim Durchfahren der Vertiefungen mit den Mähmessern auf dem Boden aufsetzen und dadurch beschädigt werden.

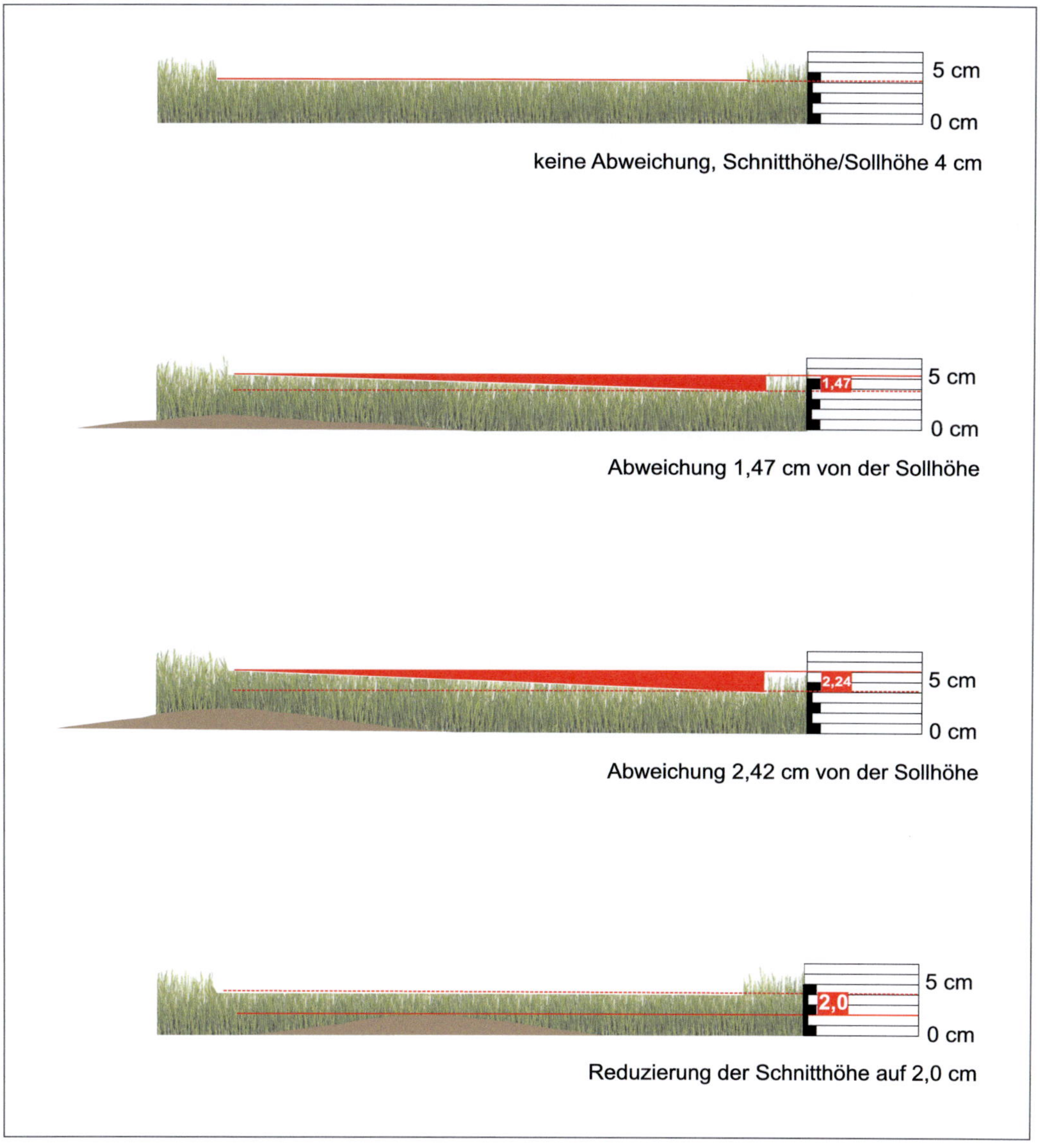

Abb. 18:
Abweichungen der Schnitthöhe durch Unebenheiten auf dem Rasen

3 Maßnahmen zur Instandsetzung von Rasenflächen nach der Schädigung durch Maulwürfe

3.1 Definition der Instandhaltungsleistungen für die Entwicklung und Unterhaltung von Vegetation gemäß DIN 18919

In DIN 18919: 2016-12, Instandhaltungsleistungen für die Entwicklung und Unterhaltung von Vegetation werden unter Punkt 6.2 Mähen, die Ansprüche an den Schnittzeitpunkt, die Schnitthöhe und die Schnitthäufigkeit der Rasen, bezogen auf die Rasentypen nach DIN 18917, dargestellt. Für die Instandhaltungsleistungen der Rasen bedeutet das, den Zustand der Rasenfläche nach der Fertigstellungspflege und Abnahme mindestens zu erhalten oder weiterzuentwickeln sowie zu fördern (DIN 18919: 2016).

Das bedingt zum Beispiel, dass sorgfältige Entfernen der Maulwurfshügel, die Beseitigung von Kahlstellen und unerwünschten Beikräutern sowie den Erhalt und die Wiederherstellung der Ebenheit zur Erhaltung der in der DIN 18919 geforderten Schnitthöhen (DIN 18919: 2016, Tabelle 3).

In der DIN 18917 werden unter Punkt 4, Tabelle 1 die unterschiedlichen Rasentypen, deren Anwendungsbereiche und Eigenschaften sowie die daran geknüpften Pflegeansprüche klassifiziert (DIN 18917: 2018), auf die sich die Untersuchungen mit Ausnahme des Landschaftsrasens und Extensivrasens beziehen.

Rasentyp	Anwendungsbereich	Eigenschaften	Pflegeansprüche
Zierrasen	Repräsentationsgrün	dichte, teppichartige Narbe aus feinblättrigen Gräsern, Belastbarkeit gering	hoch bis sehr hoch
Gebrauchsrasen	öffentliches Grün, Wohnsiedlungen, Haus-gärten, Rasengrabanlagen und ähnliches	Belastbarkeit mittel, widerstandsfähig gegen Trockenheit	mittel bis hoch
Strapazierrasen	Sport- und Spielflächen, Liegewiesen, Parkplätze	Belastbarkeit hoch (ganzjährig)	mittel bis sehr hoch
Landschaftsrasen (Extensivrasen)	Überwiegend extensiv genutzte und/oder gepflegte Flächen im öffentlichen und privaten Grün, in der Landschaft, an Verkehrswegen, für Rekultivierungsflächen, artenreiche, wiesenähnliche Flächen	Rasen mit großer Vegetationsbreite je nach Ziel und Standort, zum Beispiel Erosionsschutz, Widerstandsfähigkeit auf extremen Stand-orten, Grundlage zur Entwicklung von standortgerechten Biotopen, im Regelfall nicht oder nur wenig belastbar	mittel bis sehr hoch gering bis mittel, in Sonderfällen bis sehr hoch

Tabelle1:
Rasentypen, Anwendungsbereiche, Eigenschaften, Pflegeansprüche (DIN 18917: 2018) Notwendige Maßnahmen zur Beseitigung der Rasenschäden im Rahmen der Pflege- und Instandhaltung

3.1.1 Entfernen der Hügel

Um Schäden an der Rasennarbe zu vermeiden, ist das Abtragen der Maulwurfshügel (Abb.19) eine wichtige Vorarbeit, die vor dem Rasenmähen durchgeführt werden muss. Je sorgfältiger und je eher die Maulwurfshügel von der Rasennarbe entfernt werden, desto kleiner fällt die Schädigung der Rasennarbe aus (Abb. 20). Das sorgfältige Entfernen erfordert dabei einen höheren Zeitaufwand und erhöht damit die Kosten für die Pflege- und Instandhaltung der Rasenflächen. Der jeweilige Rasentyp wird deshalb Einfluss auf den Umfang und die Intensität der Pflegeleistungen nehmen. Selbst bei sorgfältiger Entfernung der Maulwurfshügel verbleiben Kahlstellen, die unterschiedlich groß ausfallen können und das Mindestmaß der Schädigung an der Rasennarbe darstellen (Abb. 20).

Abb. 19:
Aufmaß eines Maulwurfhügels ø 40 cm, Höhe 15 cm

Abb. 20:
Sorgfältig entfernter Hügel (geschlossene Linie) ø 40 cm; verbliebene Kahlstelle (Strichellinie) ø18 cm

3.1.2 Beseitigung von Kahlstellen und unerwünschten Beikräutern

Befinden sich auf der Rasenfläche Kahlstellen, ist eine zeitnahe Bearbeitung und Instandsetzung des geschädigten Bereichs die beste Möglichkeit, eine Besiedlung mit unerwünschten Beikräutern zu vermeiden. Die Kahlstellen werden gelockert und eingeebnet, anschließend eingesät oder mit einem Rasenstück belegt. Der dafür notwendige Zeitaufwand erhöht die Pflege und Instandhaltungskosten. Das Belegen der Kahlstellen mit Rasenstücken ist gegenüber der Aussaat effizienter, da die Kahlstellen schneller geschlossen werden und ein Anwachsen der Rasenstücke in einem Zeitraum von 14 Tagen zu erwarten ist.
Der Ausbreitung unerwünschter Kräuter auf Kahlstellen lässt sich durch Kulturmaßnahmen, wie zum Beispiel dem Fördern einer dichten Rasennarbe durch eine ausgewogene Nährstoff- und Wasserversorgung, vorbeugen. Ebenso spielt die Beachtung einer hinreichenden Schnitthöhe der Gräser von 4 bis 5 cm eine wichtige Rolle, um den flachwachsenden Beikräutern das Licht zu entziehen.

Steigt der Krautdruck in den Rasenflächen trotz der vorsorglichen Maßnahmen an, können Beikräuter auf mechanischem Weg, zum Beispiel mit einem Rasenstriegel aus den Rasenflächen entfernt werden oder durch den Einsatz selektiver Herbizide, wobei hier insbesondere die Vorgaben des § 3 des Pflanzenschutzgesetzes (2019) zu beachten sind.

3.1.3 Wiederherstellen der Ebenheit

Unebenheiten in der Rasenfläche müssen im Rahmen der Pflege und Instandhaltung beseitigt werden, um die Nutzungssicherheit der Rasenflächen zu erhalten. Die abgesackten Gangabschnitte (Abb. 14 und 15) müssen mit einem Boden-Sandgemisch aufgefüllt und eingeebnet werden. Überhöhungen in der Rasenfläche, die zum Beispiel aus dem nicht hinreichenden Entfernen von Maulwurfshügeln (Abb. 12 und 13) resultieren, sind ebenfalls einzuebnen. Dazu können die Überhöhungen zum Beispiel abgestochen und mit der Schaufel abgetragen werden. In beiden Fällen werden die eingeebneten Bereiche anschließend angesät oder mit Rasenstücken belegt.

3.1.4 Mehraufwand bei der Beseitigung von Rasenschäden im Rahmen der Instandhaltungsleistungen für die Entwicklung und Unterhaltung von Vegetation

Um beurteilen zu können, welcher Zeitaufwand erforderlich ist, Maulwurfshügel sorgfältig von der Rasennarbe zu entfernen und um den Unterschied zu dem weniger zeitaufwändigen Abschieben mit einer Schaufel darzustellen, wurden Maulwurfshügel auf beide Arten entfernt und der dazu benötigte Zeitaufwand dokumentiert. Die Zeiterfassung wurde für beide Arten der Entfernung dreimal durchgeführt und die Ergebnisse in Tabelle 2 dokumentiert. Die 6 Maulwurfshügel hatten annähernd die gleichen Abmessungen (Abb. 19), so dass die Ergebnisse vergleichbar waren.

Nr.	Hügelgröße		Entfernung sorgfältig	Entfernung Schaufel
	Durchmesser	Höhe	min:s	min:s
Z1	40 cm	15 cm	02:27	
Z2	37 cm	15 cm	02:06	
Z3	41 cm	13 cm	01:56:	
Z4	40 cm	13 cm		00:13
Z5	38 cm	15 cm		00:12
Z6	42 cm	13 cm		00:14

Tabelle2:
Zeiterfassung des Aufwands, zur Entfernung von Maulwurfshügeln

Der Zeitaufwand für das sorgfältige Entfernen eines Maulwurfshügels (Abb 20) ergab einen durchschnittlichen Zeitwert von 2 Minuten und 9 Sekunden.

Der Zeitaufwand für das Entfernen mit einer Schaufel (Abb. 9) ergab einen durchschnittlichen Wert von 13 Sekunden pro Hügel. Damit lag der Zeitaufwand für das sorgfältige Entfernen eines Maulwurfshügels um mehr als das Neunfache höher als das einfache Entfernen mit der Schaufel.

Um beispielhaft darzustellen wie groß der zeitliche Aufwand für ein sorgfältiges Abtragen von Maulwurfshügeln auf einer größeren Fläche über das Jahr sein kann, wurde eine modellhafte Rechnung durchgeführt.

Grundlage bildeten die auf einer 2000 m^2 großen Beobachtungsfläche vorgefundenen 128 Maulwurfshügel. Diese Fläche schließt als Nebenfläche an einen Sportplatz an und befindet sich in Harenberg, einem Ortsteil von Seelze. Die Rasentragschicht dieser Nebenfläche besteht aus dem ortsüblich anstehenden zuvor landwirtschaftlich genutzten humosen Lösslehm.

Bei der modellhaften Berechnung ist zu beachten, dass die Anzahl der abgelegten Maulwurfhügel auf einer Rasenfläche primär von den jeweiligen Standortfaktoren wie der Bodenart, sowie dem Nahrungsangebot für den Maulwurf beeinflusst wird.

Das Nahrungsangebot wird von der Bodenart, der Bodenfeuchtigkeit, dem Witterungsverlauf und dem Humusgehalt des Bodens beeinflusst. So verändert sich z.B. gemäß eigener Beobachtungen die Aufenthaltstiefe der Regenwürmer während längerer Trockenphasen, in denen der Boden mit zunehmender Tiefe austrocknet. Die Regenwürmer ziehen sich dann in feuchtere Bodenschichten über 100 cm Tiefe zurück. Der Maulwurf folgt den Regenwürmern und erweitert, durch das Anlegen neuer Gänge in den tieferen Bodenbereichen, das Gangsystem. Den gelockerten Boden transferiert er jedoch nicht an die Oberfläche, sondern lagert ihn innerhalb des Gangsystems um.

Das Gangsystem wird von dem Maulwurf fortwährend gepflegt und instand gesetzt. Die Stabilität der Gänge ist dabei von der Bodenfeuchtigkeit und von der Bodenart abhängig. Gänge, die in sandigem Boden gegraben werden, verlieren mit abnehmender Bodenfeuchtigkeit an Stabilität und brechen leichter ein, als Gänge, die in einem lehmigen Boden gegraben werden. Deshalb müssen Gänge in sandigeren Böden häufiger instand gesetzt, beziehungsweise erneuert werden. Durch das „Instandsetzen" des Gangsystems lagert der Maulwurf nicht nur mehr Boden innerhalb des Gangsystems um, sondern transferiert auch mehr Abraum auf die Rasenoberfläche.

Aus diesen Gründen können sich, bedingt durch die unterschiedlichen Standortfaktoren, Schwankungen bei der Anzahl und Größe der abgelegten Maulwurfshügel auf der Rasenfläche ergeben.

In der Modellrechnung wird davon ausgegangen, dass der Maulwurf nicht jeden entfernten Hügel neu aufwirft und sich die Anzahl der Hügel im Jahresverlauf auf die Hälfte reduziert. Das heißt, dass die Anzahl der zu entfernenden Maulwurfshügel bei 14 von insgesamt 15 Pflegegängen pro Jahr jedes Mal vor dem Mähen 64 Stück beträgt.

Daraus ergibt sich folgende Rechnung:

Zeitaufwand

1 *Durchgang**128 *Stck**2 *min* =256 *min* = 4 *h*:16 *min*

14 *Durchgänge**(128 *Stck*)/2*2 *min* = 1792 *min* = 29 *h*:52 *min*

Gesamtaufwand:
15 *Durchg. im Jahr* =4 *h*:16 *min*+ 29 *h*:52 *min* = 34 *h*:08 *min pro Jahr*

Abraummenge

Zusätzlich sollte ermittelt werden, welche Abraummenge durch den Abtrag der Maulwurfshügel aus der Fläche entfernt wird. Dazu wurde zunächst das durchschnittliche Gewicht eines Maulwurfshügels bestimmt, indem 12 Maulwurfshügel unterschiedlicher Größe sorgfältig entfernt und der Boden gewogen wurde. Das Gewicht eines Maulwurfshügels lag bei durchschnittlich 6,5 kg.
Bei einem 14-tägigen Intervall des Rasenschnitts sind das in einem Zeitraum von 7 bis 8 Monaten durchschnittlich 15 Durchgänge.
Nimmt man auch hier an, dass der Maulwurf nicht jeden Hügel neu aufwirft, sondern nur die Hälfte, ergibt sich folgende Rechnung:

1 *Durchgang* *128 *Hügel**6,5 *kg Boden*= 832 *kg*
14 *Durchgänge**(128 *Hügel*)/2*6,5 *kg Boden*= 5824 *kg*
Gesamtaufwand:15 *Durchg. im Jahr*= 832 *kg*+5824 *kg*= 6656 *kg*= 6,7 *t pro Jahr*

Volumenreduzierung:
$(6{,}656\,t)/(1{,}5\,m^3/t) = 4{,}4\,m^3$ *pro Jahr*/ 2000 m^2

Legt man für den bindigen oder sandigen Oberboden ein durchschnittliches Transportgewicht von 1,5 m^3/t zugrunde (Frohmann und Angermüller, 2003), ergibt sich eine Volumenreduzierung von 4,4 m^3 pro Jahr auf einer Fläche von 2000 m^2.

Das Rechenbeispiel verdeutlicht eindrucksvoll, dass das sorgfältige Entfernen der Maulwurfshügel eine zeitintensive Maßnahme darstellt, die im Rahmen der Pflege- und Instandhaltung von Rasenflächen vor dem Mähen durchgeführt werden muss.
Es zeigt sich aber auch, dass es durch den sorgfältigen Abtrag der Maulwurfshügel zu beträchtlichen Bodenausträgen aus den Rasenflächen kommt. Durch den damit verbundenen Volumenverlust sind Veränderungen der Ebenheit auf Rasenflächen ohne horizontale Barrieren nicht zu vermeiden.

4 Gesetzlicher Schutz und mögliche Vergrämungsmethoden

4.1 Ausführungen des BNatSchG zur Unterschutzstellung des Maulwurfs

Nach BNatSchG zählt der Maulwurf zu den besonders geschützten Arten.
Zu diesem Schutzstatus wird in Abschnitt 3 „Besonderer Artenschutz" § 44 Abs. 1 und 3 ausgeführt:

§ 44 Vorschriften für besonders geschützte und bestimmte andere Tier- und Pflanzenarten

(1) Es ist verboten,

1.
wild lebenden Tieren der besonders geschützten Arten nachzustellen, sie zu fangen, zu verletzen oder zu töten oder ihre Entwicklungsformen aus der Natur zu entnehmen, zu beschädigen oder zu zerstören,

3.
Fortpflanzungs- oder Ruhestätten der wild lebenden Tiere der besonders geschützten Arten aus der Natur zu entnehmen, zu beschädigen oder zu zerstören (Bundesministerium der Justiz und für Verbraucherschutz, 2009)

Auslegung der Schutzbestimmungen in Rechtskommentaren

Im Gesetzestext werden Begriffe verwendet, deren rechtliche Bedeutung zunächst betrachtet werden muss, um einschätzen zu können, ob horizontale Barrieren nach dem BNatSchG generell verboten sind, behördlich genehmigt werden müssen oder genehmigungsfrei verbaut werden dürfen. Zu betrachten ist der Begriff „Nachstellen".

Die Bewertung des im Gesetzestext verwendeten Begriffs liefern de Witt und Geismann in ihrer Broschüre „Artenschutzrechtliche Verbote in der Fachplanung" (2013). Sie führen aus, dass der Gesetzgeber unter „Nachstellen" Handlungen versteht, die die eigentliche Zugriffshandlung (in der Regel: Fang, Tötung) vorbereiten.

Da die Störung der Tiere durch § 44 I Nr. 2 BNatSchG extra erfasst ist, bewertet Konrad die reine Beunruhigung noch nicht im Sinne des Tatbestands des Abs. 1 Nr. 1 (Konrad in: de Witt und Geismann, 2013).

Das Tötungsverbot verbietet alle Angriffe auf die körperliche Unversehrtheit der Tiere und ihre Bewegungsfreiheit.
Gemäß dieser Ausführungen ist das Nachstellen nicht dem Vertreiben gleichzusetzen, das im Sinne des BNatSchG bezogen auf den Maulwurf nicht verboten ist, solange die körperliche Unversehrtheit des Tieres gewahrt bleibt (de Witt und Geismann, 2013).

Darüber hinaus bewerten de Witt und Geismann (2013), ob das Vertreiben des Maulwurfs als Störung des Tieres angesehen werden kann und führen dazu aus, dass sich der Begriff der *Störung* nicht auf bestimmte Handlungen bezieht und umfasst danach alle negativen Einwirkungen, die mittelbar oder unmittelbar die physische oder psychische Verfassung der geschützten Tiere beeinträchtigen. „Eine Störung ist nur tatbestandsmäßig, wenn sie auch „*erheblich*" ist, d.h. wenn sie den Erhaltungszustand der *lokalen Population* einer Art verschlechtert, § 44I Nr.2 Hs.2 BNatSchG." (de Witt und Geismann, 2013).

Lokale Population wird durch das Bundesamt für Naturschutz (BfN) wie folgt definiert:
„Eine lokale Population im Zusammenhang mit dem Störungsverbot lässt sich in Anlehnung an § 7 Abs. 2 Nr. 6 BNatSchG als Gruppe von Individuen einer Art definieren, die eine Fortpflanzungs- oder Überdauerungsgemeinschaft bilden und einen zusammenhängenden Lebensraum gemeinsam bewohnen.
Im Allgemeinen sind Fortpflanzungsinteraktionen oder andere Verhaltensbeziehungen zwischen diesen Individuen häufiger als zwischen ihnen und Mitgliedern anderer lokaler Populationen derselben Art.“ (Bundesamt für Naturschutz, 2011).
Der Schutzstatus der geschützten Tier- und Pflanzenarten ist nach dem BNatSchG nicht vereinheitlicht, sondern ein abgestuftes Schutzsystem, dass hinsichtlich der Intensität des Schutzes unter Abschnitt 3 „besonderer Artenschutz“ zusammengefasst ist, jedoch zwischen „besonders” und „streng” geschützten Arten unterscheidet.
Der Erhaltungszustand der lokalen Population wird dabei jedoch nur im Zusammenhang mit einem Störungsverbot für streng geschützte Arten gemäß § 44 I Nr. 2 BNatschG betrachtet, zu denen der Maulwurf nicht gehört.
Hinzu kommt, dass der Erhaltungszustand der lokalen Population im Rahmen der naturschutzrechtlichen Eingriffsregelung betrachtet wird, bei der größere Flächenzusammenhänge in die Betrachtung einfließen, als bei der Betrachtung von Rasenflächen, die sich in der Regel in Siedlungsbereichen befinden.
Für diese können im Rahmen der baurechtlichen Eingriffsregelung über die Bauleitplanung Festsetzungen getroffen werden.
Betrachtet man das Verhalten der Maulwürfe in den Beobachtungsflächen, ist eine Störung und Vertreibung der Tiere im Sinne des BNatschG nach dem Verbau der horizontalen Barrieren, aus fachlicher Sicht, nicht gegeben.
Das Vertreiben der Maulwürfe entspricht zudem nicht dem Einsatzzweck horizontaler Barrieren, die den Maulwürfen den Aufenthalt unter den Rasenflächen ermöglichen sollen.
Durch den horizontalen Einbau der Barrieren ist zu erwarten, dass revierübergreifende Interaktionen zwischen Maulwurfspopulationen oder einzelnen Individuen im Sinne des § 7 Abs. 2 Nr. 6 BNatSchG nicht beeinträchtigt werden.

Um eine Einschätzung vornehmen zu können, ob der Verbau horizontaler Barrieren den Vorgaben des „besonderen Artenschutzes“ gemäß BNatSchG Abschnitt 3 aus fachlicher Sicht entspricht, wurde diese Fragestellung im Kontext der Schutzstufe „besonders geschützt“ betrachtet und zusätzlich um die Betrachtung der höherrangigen Schutzstufe „streng geschützt“ erweitert. Die Schutzstufe „streng geschützt“ stellt vergleichsweise höhere Anforderungen an die artenschutzrechtliche Prüfung sowie Bewertung und an die daraus resultierenden Schutzmaßnahmen.
Aus fachlicher Sicht ist anzunehmen, dass der Maulwurf durch den Einbau horizontaler Barrieren im Sinne des Gesetzes nicht gestört wird.
(Aus fachlicher Sicht bedeutet hierbei die Betrachtung der Erkenntnisse aus den Untersuchungen im Kontext zu den vorliegenden gesetzlichen Bestimmungen.)
Es ergeben sich keine Verschlechterungen des Erhaltungszustands der lokalen Population. Eine rechtliche Prüfung im Rahmen einer richterlichen Überprüfung hat zu diesem Thema noch nicht stattgefunden. Doch kann im Hinblick auf das Ergebnis der Betrachtung beider Schutzabstufungen angenommen werden, dass der Verbau horizontaler

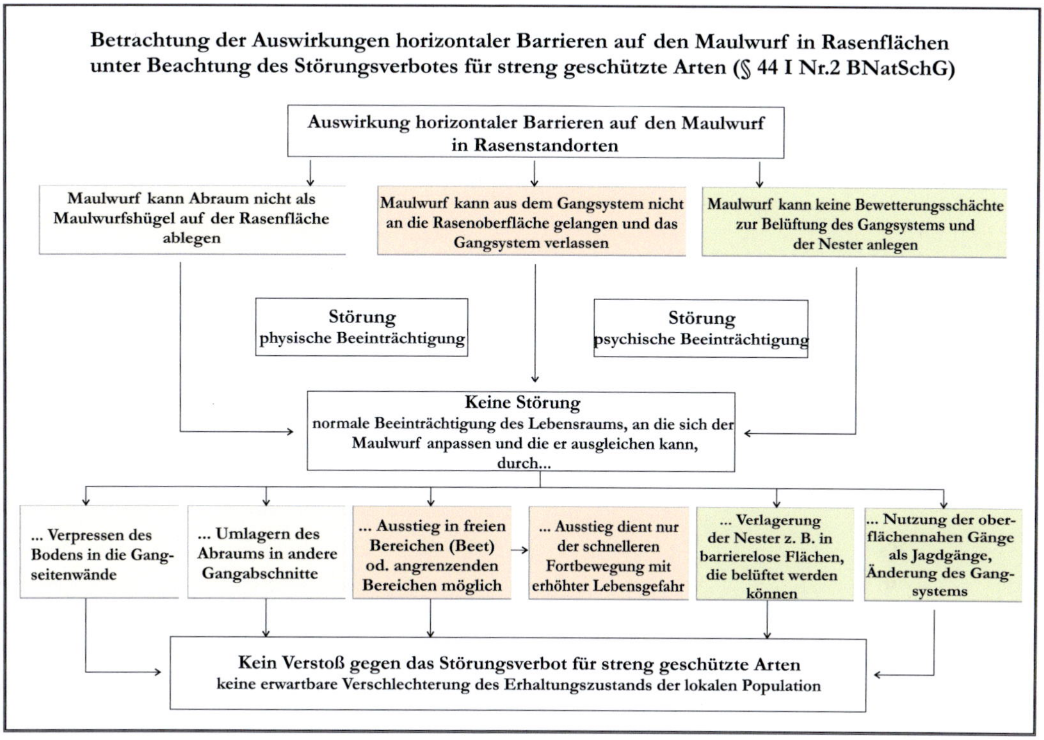

Abb. 21:
Auswirkungen horizontaler Barrieren auf den Erhaltungszustand lokaler Maulwurfspopulationen

Barrieren in Rasenflächen in Übereinstimmung mit geltendem Recht stehen dürfte.
Abbildung 21 stellt die Auswirkungen des Einbaus horizontaler Barrieren auf den Maulwurf unter dem Aspekt des Störungsverbotes für „streng geschützte Arten“, der höherrangigen Schutzstufe, dar.

Mit dem Ziel, eine rechtsverbindliche Auskunft, zur Klärung des rechtlichen Status des Verbaus horizontaler Barrieren in Rasenflächen zu erhalten, wurde eine schriftliche Anfrage an das Bundesamt für Naturschutz (BfN) sowie an den Niedersächsischen Landesbetrieb für Wasserwirtschaft, Küsten- und Naturschutz (NLWKN) sowie an die Untere Naturschutzbehörde der Region Hannover gestellt. Der Sachverhalt wurde zuvor hinreichend dargestellt und die Fragestellung lautete wie folgt:
„Handelt es sich bei der Installation einer horizontalen Maulwurfsbarriere um einen genehmigungspflichtigen Eingriff im Sinne des BNatSchG oder um einen Verstoß gegen artenschutzrechtliche Bestimmungen wie z. B. die Bundesartenschutzverordnung oder der FFH-Richtlinie (Fauna-Flora-Habitat-Richtlinie)?“

Eine schriftliche Stellungnahme konnte von den befragten Stellen nicht erwirkt werden.
Es ist anzunehmen, dass die Beantwortung der Frage nach der Erheblichkeit oder Zulässigkeit des Eingriffs aus artenschutzrechtlicher

Sicht grundsätzlich mit einer Einzelfallprüfung verknüpft ist.
Da hinsichtlich verschiedener Rahmenbedingungen auch nicht grundsätzlich auszuschließen ist, dass es sich um eine Beeinträchtigung handelt, sollte vor dem Verbau horizontaler Barrieren, in Zusammenarbeit mit der zuständigen unteren Naturschutzbehörde, geprüft werden, ob dem Einbau horizontaler Barrieren artenschutzrechtliche Belange entgegenstehen und ob eine Einzelfallprüfung vorgenommen werden muss.

4.2 Praktizierte Methoden der Maulwurfsvergrämung

Um Maulwurfshügel auf Rasenflächen zu verhindern, gibt es unterschiedliche Ansätze, die sich im Wesentlichen auf die Vertreibung von Maulwürfen beziehen. Durch den gesetzlichen Schutzstatus des Maulwurfs ist das Vertreiben bislang die einzige zulässige Möglichkeit, Maulwurfshügel auf Rasenflächen zu verhindern.
Die Wirksamkeit der gebräuchlichsten Vertreibungsmethoden wurde teilweise durch wissenschaftliche Untersuchungen widerlegt. Sollte es dennoch gelingen, den Maulwurf zu vertreiben, folgt die Wiederbesiedlung des Gangsystems durch einen anderen Maulwurf (Witte, 1997).
Vertreibende Maßnahmen können deshalb nur als temporäre Maßnahmen mit einer zeitlich begrenzten Wirkungsdauer angesehen werden.

4.2.1 Wühlmausbekämpfung mit problematischen, nicht rechtskonformen Auswirkungen auf Maulwürfe

Zur Wühlmausbekämpfung werden unterschiedliche Fallensysteme erfolgreich eingesetzt, die sich in ihrer Wirkungsweise unterscheiden. Neben lebendfangenden Systemen (Abb. 22 und 23) werden auch einfache, tötende Fallensysteme wie die Draht- oder Zangenfalle verwendet (Abb. 29 und 30), die zur Bekämpfung von Wühlmäusen sehr effektiv eingesetzt werden und gemäß § 4 TierSchG auch zulässig sind. Zudem werden auch Tötungsfallen eingesetzt (Abb. 28), die in den Gängen über einen Auslösemechanismus Platzpatronen abfeuern. Die Wühlmaus stirbt dann infolge des hohen Drucks. Die Problematik beim Einsatz von Tötungsfallen, wie auch dem Einsatz lebendfangender Systeme, besteht in dem undifferenzierten Fang der Systeme. Die Fallen fangen oder töten auch Nichtzieltiere wie Maulwürfe, die im Gegensatz zu den Wühlmäusen durch das BNatSchG besonders geschützt sind. Die Tötungsfallen müssen in die Gangsysteme von Wühlmäusen eingesetzt werden. Für den nicht fachkundigen Anwender ist eine hinreichende Differenzierung, um welche Art Gangsystem es sich handelt, oft nicht möglich. Das Risiko, dass Maulwürfe gefangen werden, steigt dadurch an. Missbrauch und der widerrechtliche Einsatz gegen Maulwürfe ist somit nicht zu verhindern.
Auch bei sachgerechter Anwendung kann das Fangen und/oder Töten von Maulwürfen nicht ausgeschlossen werden, da Maulwürfe und Wühlmäuse das Gangsystem gemeinsam nutzen. Ist der Fang von Maulwürfen nicht auszuschließen, ist der Einsatz gegen Wühlmäuse zu unterlassen.

Ob Maulwürfe und Wühlmäuse in Rasenflächen aktiv sind, lässt sich durch eine Sichtkontrolle überprüfen. Dabei sind Maulwurfhügel ein sicheres Indiz für die Existenz des Maulwurfs. Während der Setzzeit des Maulwurfs und während der Aufzuchtphase der Jungen in der Zeit zwischen April und Juli ist zu berücksichtigen, dass von den Maulwürfen nur wenig oder keine neuen Maulwurfshügel aufgeworfen werden (Witte, 1997).

Durch das Auslegen geeigneter Nagerköder ist es möglich, Wühlmäuse zu bekämpfen. Maulwürfe sind durch Fraßköder nicht gefährdet, da die Wirkstoffe auf pflanzlichen Trägermaterialien aufgebracht sind. Maulwürfe ernähren sich nicht von Pflanzen, sondern von Regenwürmern und Insektenlarven und nehmen die pflanzlichen Fraßköder nicht auf.

Bei dem Begasen des Gangsystems (Abb. 26 und 27), einer weiteren Bekämpfungsmethode von Wühlmäusen, wird Kohlenmonoxid, Kohlendioxid oder Phosphorwasserstoff in das Gangsystem der Wühlmäuse eingeleitet, das die Tiere tötet (Fortmann, 1996/1997). Die hoch giftigen Gase töten bei ihrer Einleitung in den Boden jedoch auch alle anderen Bodenlebewesen in dem begasten Bereich. Bei der Einleitung von Gasen in den Boden besteht deshalb auch immer die Gefahr, Maulwürfe zu schädigen oder zu töten. Die Begasung von Wühlmausgängen ist deshalb in Bereichen, in denen der Maulwurf nachweislich aktiv ist, zu unterlassen.
Lebend fangende Systeme (Abb. 22 und 23) dürfen zum Fangen des Maulwurfs nicht eingesetzt werden, da das Fangen gemäß BNatSchG § 44 gesetzlich untersagt ist. Das gilt auch für eine Falle, die vom Institut für

Abb. 22:
Röhrenfalle für den Lebendfang
Herstellerfoto

Abb. 23:
Fangkiste zum Lebendfang von Maulwürfen
Herstellerfoto

Abb. 24:
Bodensonde mit Vibrationsmotor
Herstellerfoto

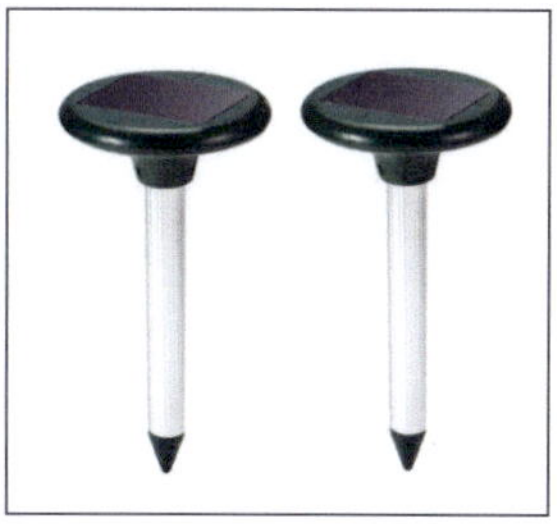

Abb. 25:
Schallwellen erzeugende Geräte
Herstellerfoto

Abb. 26:
Begasungsgerät
Herstellerfoto

Abb. 27:
Begasungsmittel-
Herstellerfoto

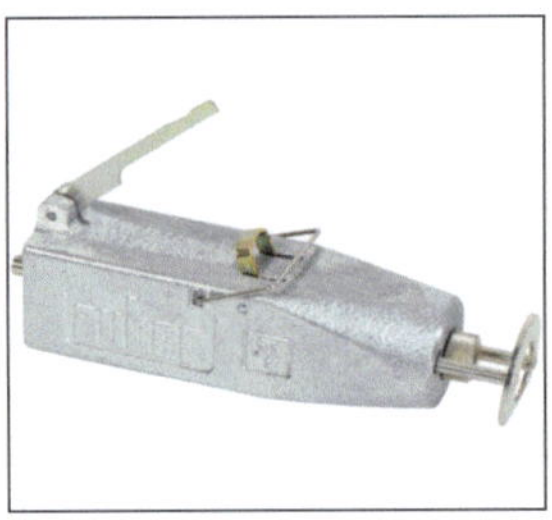

Abb. 28:
Schussapparat
Herstellerfoto

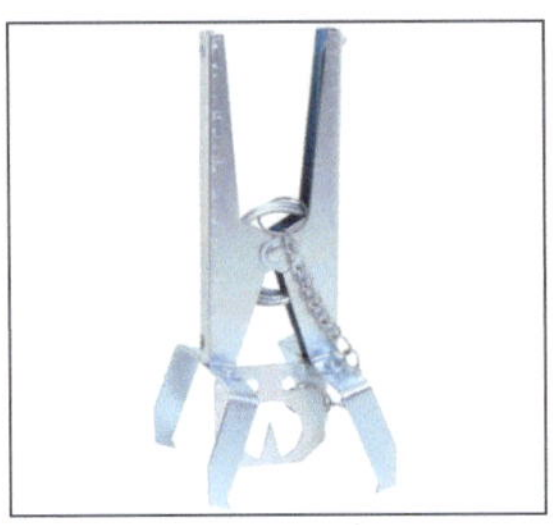

Abb. 29:
Zangenfalle
Herstellerfoto

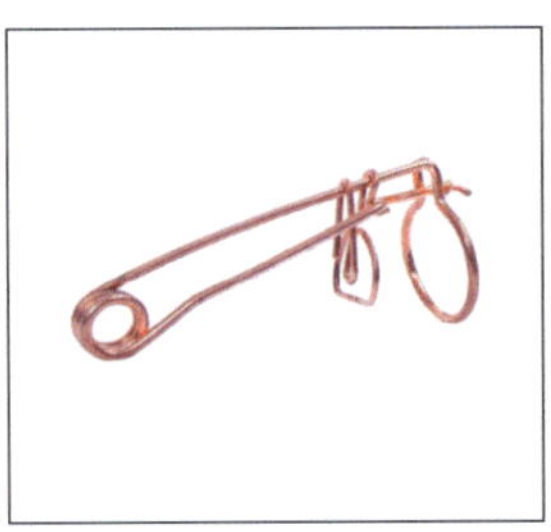

Abb. 30:
Bayrische Drahtfalle
Herstellerfoto

Schädlingskunde, einem privaten Dienstleistungsunternehmen, zum schonenden Lebendfang von Maulwürfen entwickelt wurde und die den natur- und tierschutzrechtlichen Anforderungen genügen soll (Abb. 23).

4.2.2 Vertreibung durch Schallwellen oder Geruchsstoffe

Durch Untersuchungen von Geräten, die elektromagnetische Felder zur Nager- und Insektenbekämpfung erzeugen, gelang es der U.S. Environmental Protection Agency (EPA) im Jahr 1979 nachzuweisen, dass die Geräte keinerlei Wirkung auf die Tiere hatten und somit als unwirksam eingestuft werden konnten. Geräte, die Maulwürfe und Wühlmäuse von bestimmten Flächen im Freiland fernhalten sollen, kamen Anfang der 1980er-Jahre in den europäischen Handel.
Bei den beschriebenen Gerätetypen wurden Schallwellen über elektromagnetische Impulse erzeugt und über einen Metallstab in den Boden geleitet (Abb. 24 und 25). Dadurch soll eine Fläche von 500 bis 1000 m² von Maulwürfen oder Wühlmäusen freigehalten werden. Ultraschallwellen verbreiten sich im Boden nur im Zentimeterbereich, deshalb kommen zu dem hier diskutierten Zweck nur Geräte infrage, die Schallwellen im niederfrequenten Bereich von 100 Hz produzieren.
Geräte dieses Typs wurden in verschiedenen Freilandversuchen getestet. Unter anderem bei der Landesanstalt für Pflanzenschutz in Stuttgart, beim Institut für Pflanzenschutz, Saatgutuntersuchungen und Bienenkunde in Münster, beim Statens Skadedyrlaboratorium in Lyngby, Dänemark (Lodal 1988), bei der Station Fédérale de Recherches Agronomiques de Changins in Nyon, Schweiz sowie im Jahr 2003 bei der

Biologischen Bundesanstalt für Land- und Forstwirtschaft (BBA).
Eine Wirksamkeit dieser Techniken und Geräte wurde in keinem Fall festgestellt. Durch Sendermarkierung konnte beobachtet werden, dass Maulwürfe weiterhin auf der beschallten Fläche ihre Hügel ablagerten und auch Wühlmäuse ungestört ihr Gangsystem in unmittelbarer Nähe des Schallgebers nutzten (Pelz, 2003).
Pelz stellt in dem Handbuch für Schädlingsbekämpfer in Ausbildung und Praxis die verschiedenartigen physikalischen Verfahren zur Nagetier- und Maulwurfsvergrämung vor (Abb. 27 und 28), mit denen im Ergebnis jedoch nicht die gewünschten Vertreibungseffekte erzielt werden konnten. Unter Punkt 4 „Folgerungen für die Anwendungspraxis" kommt der Autor zu folgendem abschließendem Ergebnis: „Die biologische Wirksamkeit von Schallwellen zur Vergrämung bodenlebender kleiner Säugetiere (Maulwurf, Schermaus) sowie von elektromagnetischen Wellen allgemein, konnte bisher in fundierten wissenschaftlichen Versuchen nicht nachgewiesen werden." (Pelz, 2003)
Rasenbesitzer, die sich Mähroboter angeschafft haben, beteuern, dass die Inbetriebnahme der Mähgeräte Maulwürfe vertreiben würde, doch gibt es derzeit keine wissenschaftlichen Untersuchungen, die diese Schilderungen bestätigen.
Eigenen Beobachtungen zur Folge stören sich die Maulwürfe nicht an der Befahrung der Rasenflächen durch Mähroboter. Diese Annahme bestätigt sich durch Beobachtungen von Ausstellungsflächen (Abb. 31) bei Kleingerätehändlern, auf denen zahlreiche neuere und ältere Maulwurfshügel während des Betriebs der Mähroboter zu sehen waren.
Zu den Auswirkungen der Duftstoffe wurden Kunden und Schädlingsbekämpfer befragt und die Ergebnisse durch eigene Beobachtungen bestätigt. Die Befragung ergab, dass sich Maulwürfe durch Duftstoffe nicht dauerhaft aus ihrem Revier vertreiben lassen.

Abb. 31:
Frisch aufgeworfene Maulwurfshügel während des laufenden Betriebs eines Mähroboters

4.2.3 Verhinderung von Maulwurfshügeln durch den Einbau von Barrieren

Durch den Einsatz vertikaler Barrieren, also senkrecht in den Boden eingelassener Geogewebe, Metallgitter oder Wandungselemente aus Kunststoff, soll das Eindringen des Maulwurfs in räumlich abgegrenzte Bereiche verhindert werden.
Vertikale Barrieren erfüllen ihre Funktion nur, wenn sie lückenlos und tief genug in den Boden eingebaut werden. Dabei müssen sie mindestens 20 bis 30 cm über die Bodenoberfläche oder Belagsfläche hinausstehen (Abb. 32) und von Vegetation wie zum Beispiel Grasaufwuchs oder Strauchüberwuchs freigehalten werden (Walter und Pelz, 2006).
Bei ihren Versuchen zum praxisgerechten Betrieb von Barrieresystemen zur Abwehr von

Wühlmausschäden im ökologischen Obstbau, verwendeten Walter und Pelz (2006) Schweißpunktgitter mit einer Maschenweite von 10 mm x 10 mm als vertikale Barriere, die in den Boden eingegraben wurden. Oberflächlich ließen sie die Gitter aus dem Boden herausstehen und winkelten diese nach außen zum „nicht zu schützenden Bereich“ ab.
Ein Überklettern der Gitter durch Wühlmäuse sollte so verhindert werden (Walter und Pelz, 2006). Da sich Maulwürfe gerade auch während der Paarungszeit oberirdisch fortbewegen (Witte, 1997), können sie bodeneben eingebaute vertikale Barrieren überwinden. In ihren Versuchen stellten die Autoren fest, dass es den Maulwürfen gelang, die Barrieren zu untergraben (Walter und Pelz, 2006). Um ein Untergraben der Barrieren zu verhindern, wird angenommen, dass eine Mindesteinbautiefe von 100 cm empfehlenswert ist.
Sie führten Versuche durch, in denen sie vertikale Barrieren aus Schweißpunktgittern in gerader Form bis 50 cm in die Erde einsetzten. Zum Vergleich wurden Schweißpunktgitter eingesetzt, die an ihrem Ende in einer Tiefe von 50 cm abgewinkelt (L-förmig) wurden. Sie wollten beobachten, ob die Maulwürfe die Barrieren untergraben. Die Versuche wurden mit acht Maulwürfen durchgeführt. Sechs Tiere untergruben die gerade Barriere innerhalb der ersten beiden Versuchstage. Die abgewinkelte Barriere wurde hingegen nicht untergraben (Walter und Pelz, 2006).
Der Einbau vertikaler Barrieren erfordert ein hohes Maß an Präzision und Genauigkeit. Durchschlupfmöglichkeiten entstehen überall dort, wo eine geschlossene Montage der vertikalen Barrieren durch Hindernisse erschwert wird. Hindernisse können zum Beispiel die Wurzelbereiche von Bäumen oder Leitungsgräben sein, steinige oder felsige Untergründe oder Bereiche, in denen ein lückenloses Einbauen der vertikalen Systeme mit Durchbrüchen der Barriere verbunden ist. Jeder Weg und jede Zufahrt ermöglicht das Eindringen des Maulwurfs in die Rasenflächen. Um zu verhindern, dass Maulwürfe über die Wegeflächen in den Rasen eindringen, müssten die vertikalen Barrieren in den Belag eingebunden werden und sogar über diesen hinausstehen.
Da vertikale Barrieren den Lebensraum des Maulwurfs zerschneiden und begrenzen, ist zu prüfen, ob es sich bei dem Einbau einer vertikalen Barriere um einen Eingriff in den Lebensraum einer besonders geschützten Art im Sinne des BNatSchG handelt, der genehmigungspflichtig ist.

Abb. 32:
Vertikale Barriere im Übergangsbereich zwischen Rasen und Beetfläche

Zur Verhinderung von Maulwurfshügeln auf Rasenflächen werden seit geraumer Zeit in der Praxis horizontale Barrieren angeboten und verbaut. Dazu bietet der Handel unter verschiedenen Bezeichnungen wie zum Beispiel „Topoex“ Geogewebe bzw. Geogitter aus Kunsttoffen an, die in horizontaler Einbauweise flächig unter der Rasennarbe verbaut werden. Nachfolgend werden diese Gewebe und Gitter aus Geokunststoffen als horizontale Barrieren bezeichnet.

Ein entsprechendes Einbauverfahren unterschiedlicher Materialien zur Vermeidung von Maulwurfshügeln wurde im Rahmen eigener Versuche im Jahr 2007 entwickelt, wie z.B. die Kombination aus horizontaler Barriere und Randstreifen (Abb. 34).

Abbildung 33 zeigt den Aufbau einer Rasenfläche in die eine horizontale Barriere flächig eingefügt ist. Der Auftrag der Rasentragschicht bzw. der Vegetationsschicht richtet sich, wie in DIN 18915 beschrieben, nach den Ansprüchen der vorgesehenen Vegetation und nach den örtlichen Verhältnissen und ist auf diese abzustimmen (DIN 18915: 2018)

Es ist möglich, die Barriere direkt auf den vorbereiteten Untergrund zu verlegen, sofern dieser den Ansprüchen des Rasens genügt.

Der Einbau einer horizontalen Barriere soll den Maulwurf am Durchdringen der Rasenfläche hindern. Das Ablagern von Maulwurfshügeln auf der Rasenfläche ist damit nicht mehr möglich.

Die horizontalen Barrieren lassen das Graben von Gängen unterhalb der Barrieren zu. Die Tiere werden nicht aus ihrem Revier/Lebensraum vertrieben oder daran gehindert, diesen zu nutzen.

Hinsichtlich der Ansprüche, die das BNatSchG an den Umgang mit besonders geschützten Arten wie dem Maulwurf stellt, ist der Einbau horizontaler Barrieren eine gut funktionierende Möglichkeit, Rasenflächen vor Maulwurfshügeln zu schützen.

Im Gegensatz zu vertikalen Barrieren zerschneiden horizontale Barrieren den Lebensraum des Maulwurfs nicht. Sie engen die Bewegungsfreiheit des Maulwurfs nicht ein und hindern die Tiere nicht daran, Revierwechsel durchzuführen.

Da der Einsatz horizontaler Barrieren als besonders geeignet erschien, den Rasen vor Maulwurfshügeln zu schützen, wurden die Auswirkungen dieser Barriereart auf den Maulwurf und seinen Lebensraum genauer untersucht.

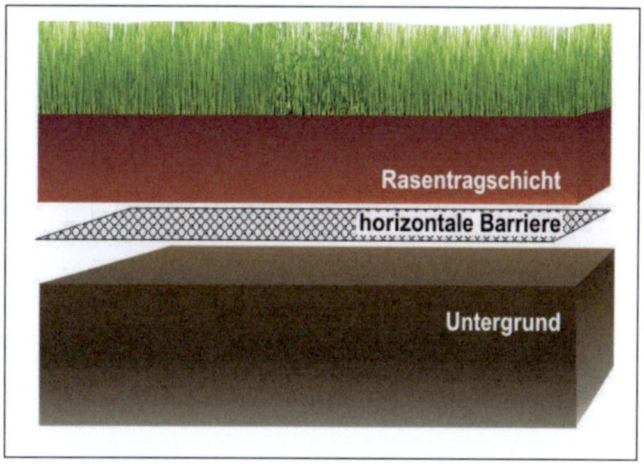

Abb. 33:
Schichtenaufbau einer Rasenfläche mit horizontaler Maulwurfbarriere

Abb. 34:
Horizontale Barriere auf Rasentragschicht verlegt Überlappung mit Randanschlussstreifen

5 Anforderungen an horizontale Barrieren

Vor den Untersuchungen und Beobachtungen stehen grundsätzliche Überlegungen, welchen Anforderungen horizontale Barrieren hinsichtlich Material, Beschaffenheit sowie Einbauverfahren entsprechen müssen, damit der Schutz des Rasens vor Maulwurfshügeln einerseits und die ungestörte Entwicklung des Rasens andererseits gewährleistet sind.
Anforderungen an Geogewebe und Geogitter sind in den einschlägigen Normen und technischen Richtlinien formuliert, jedoch beziehen sich diese nicht auf den Einsatzzweck als horizontale Barriere.
Kriterien, die horizontale Barrieren in Bezug auf Material, Beschaffenheit und Einbauverfahren erfüllen müssen, damit sie einerseits das Durchdringen von Maulwürfen und Wühlmäusen verhindern und andererseits das Durchdringen der Barriere für nützliche Bodenlebewesen, wie z.B. den Regenwurm ermöglichen, gibt es bisher nicht.
Um Erkenntnisse darüber zu gewinnen, welche Gewebe die Kriterien einer horizontalen Barriere erfüllen, wurden im Rahmen der Untersuchungen weitere ergänzende Versuche und Beobachtungen durchgeführt (vgl. Kapitel 7).

5.1 Anforderungen der Regelwerke und Richtlinien

Grundlage der Betrachtung sind DIN 18915 – Bodenarbeiten Abschnitt 6.6 und das Merkblatt über die Anwendung von Geokunststoffen im Erdbau des Straßenbaus, kurz M Geok E, der Forschungsgesellschaft für Straßen- und Verkehrswesen (FGSV e.V., 2016). In diesen Regelwerken sind die Kriterien, Haltbarkeit, Durchlässigkeit, und Umweltverträglichkeit als relevant eingestuft.

DIN 18915 – Bodenarbeiten – führt in Abschnitt 6.6 aus, dass Geogewebe, die zur Trennung von Schichten verwendet werden, unter anderem wasserdurchlässig und filterstabil sein müssen (DIN 18915: 2018). Den Anforderungen der Wasserdurchlässigkeit müssen horizontale Barrieren entsprechen, um die Infiltration, also das Einsickern von Niederschlägen in den Erdboden nicht zu beeinträchtigen.
Die Filterstabilität der Gewebe ist hinsichtlich ihrer Funktion nicht zu berücksichtigen, da die horizontalen Barrieren nicht zum Trennen von unterschiedlichen Bodenschichten eingesetzt werden.
Das Merkblatt über die Anwendung von Geokunststoffen im Erdbau des Straßenbaus (M Geok E), der Forschungsgesellschaft für Straßen- und Verkehrswesen (2016) kann ergänzend zur DIN 18915 betrachtet werden. Es nennt in den jeweiligen Kapiteln weitere Anforderungen an Geokunststoffe und geotextilverwandte Produkte in Abhängigkeit von ihrer durch Prüfungen nachzuweisenden Eigenschaften und verweist hier auf die Inhalte der DIN-EN 13249.
Dabei findet die Durchwurzelung von geotextilen Produkten keine Berücksichtigung. Diese stellt jedoch für den Einsatzzweck als horizontale Barriere ein wichtiges Kriterium dar, das im Rahmen der Untersuchungen betrachtet wurde.
Überträgt man die Anforderungen des M Geok E (FGSV, 2016) auf den Einsatz- und Funktionszweck der Materialien als horizontale Maulwurfbarriere, sind im Wesentlichen folgende Ausführungen des Kapitel 6, Prüfverfahren, und die darin enthaltenen Verweise auf die aufgeführten DIN-Normen zu berücksichtigen:

- 6.13 Wasserdurchlässigkeit normal zur Fläche von Geokunststoffen
- 6.15 Beständigkeit
- 6.16 Witterungsbeständigkeit von Geokunststoffen
- 6.29 Umweltunbedenklichkeit der Geokunststoffe

5.1.1 Anforderungen an die Haltbarkeit

Horizontale Barrieren werden erdverbaut, also im Boden verlegt und müssen deshalb den Anforderungen der DIN 18915, Bodenarbeiten entsprechen. Diese fordert für Geotextilien unter Abschnitt 6.6, dass die Materialien unter anderem verrottungsbeständig sein müssen. Darüber hinaus fasst DIN 18915 weitere Anforderungen unter dem Begriff Haltbarkeit zusammen. (DIN 18915: 2018).

5.1.2 Anforderungen an die Beständigkeit

Das M Geok E verweist hier unter 6.15, Beständigkeit, auf den Anhang B.4, der DIN EN 13249: 2016, Aspekte der Dauerhaftigkeit. Die Dauerhaftigkeit von Geotextilien und Geokunststoffen sollte durch Mikroben und Rotteprozesse sowie durch Oxidationsprozesse nicht beeinträchtigt werden. Deshalb werden in DIN EN 13249: 2016 unter anderem Anforderungen an Geokunststoffe, hinsichtlich ihrer Dauerhaftigkeit bei einer vorgesehenen Nutzungsdauer bis 25, 50, und 100 Jahre formuliert. (DIN EN 13249).

Die Barriere kann durch Bewitterung und UV-Strahlung geschädigt werden, wenn das Kunststoffgewebe, z.B. durch Schäden, die an der Rasennarbe verursacht wurden, freiliegt. Die Festigkeit der Geokunststoffe nimmt mit zunehmender Freiliegedauer ab. In Tabelle B.1 wird die höchstzulässige Freiliegedauer nach dem Einbau der Barrieren angegeben. Diese variiert bei Anwendungen, die eine Langzeitfestigkeit erfordern, zwischen einem Tag zwei Wochen und einem Monat (DIN EN 13249: 2016).

Für horizontale Barrieren ist die Langzeitfestigkeit ein wichtiges Kriterium, um ein Durchdringen des Maulwurfs zu verhindern. Die Freiliegedauer einer horizontalen Barriere sollte deshalb so kurz wie möglich gehalten werden.

5.1.3 Anforderungen an die Wasserdurchlässigkeit

Neben den Ausführungen des M Geok E zur Wasserdurchlässigkeit können die Vorgaben der DIN 18035-4: 2018 „Sportplätze", in Teil 4 „Rasenflächen", im Abschnitt 4.5.1 „Allgemeines", Tabelle 3 - Anforderungen und Prüfungen für die Rasentragschicht herangezogen werden. Hier wird eine Wasserinfiltrationsrate der Rasentragschicht von ≥ 60 mm/h gefordert (DIN 18035-4: 2018). Diesen Infiltrationswert kann man als Richtwert auf alle anderen betrachteten Rasentypen übertragen und als Maßstab für eine hinreichende Infiltrationsfähigkeit der Rasennarbe mit eingebauter horizontaler Barriere einsetzen. Geotextilien, die in Rasenflächen verbaut werden, dürfen den Infiltrationswert nicht verringern, um die Infiltrationsfähigkeit der Böden mit Barriere zu gewährleisten (DIN 18035 4: 2018).

Anforderungen aus den Beobachtungsergebnissen
Wird die horizontale Barriere zur Vermeidung von Maulwurfshügeln verbaut, dann kommt als besondere Anforderung an die Haltbarkeit die Nagerbeständigkeit hinzu. Diese resultiert aus der gemeinsamen Gangnutzung durch Maulwürfe und Wühlmäuse, wobei letztere als Nager in der Lage sind, die Kunststoffgitter zu zerbeißen. Darüber hinaus kommt der Reißfestigkeit und Dehnbarkeit bei der Verwendung horizontaler Barrieren u. a. in Rasengrabanlagen eine besondere Bedeutung zu.

5.1.4 Anforderungen an die Nagerbeständigkeit

Da das Gebiss des Maulwurfs für das Zerfressen eines Kunststoffgewebes nicht ausgebildet ist, ist das Durchnagen nicht zu erwarten. Hier sind eher Eigenschaften wie Kratzfestigkeit und Reißfestigkeit des Barrierematerials von Bedeutung, da die Maulwürfe viel Kraft über die Vorderextremitäten ausüben können, an denen sie scharfe Krallen tragen. Nach Erfahrungen in der gärtnerischen Praxis hält der überwiegende Teil der gängigen Barrierematerialien Maulwürfen stand und hindert sie daran, die Barriere zu durchdringen. Ein weiteres, nicht zu vernachlässigendes Kriterium, ist dagegen die Widerstandsfähigkeit gegenüber Wühlmäusen, nachfolgend als Nagerresistenz bezeichnet. Gelingt es Wühlmäusen die Maulwurfbarriere zu durchnagen, schaffen sie dadurch Öffnungen, die der Maulwurf nutzt, um den Abraum an die Rasenoberfläche zu verfrachten. Die Barrierefunktion wäre dadurch aufgehoben (Abb. 35, 36 und 44).
Kriterien, die eine Barriere in Bezug auf Material, Beschaffenheit und Einbauverfahren erfüllen muss, damit sie nagerresistent ist, gab es bisher nicht. Um Erkenntnisse darüber zu gewinnen, welche Gewebe nagerresistent sind, wurden im Rahmen der wissenschaftlichen Untersuchung Versuche hierzu durchgeführt (vgl. Kapitel 7.1).

Abb. 35:
Nutzung der Öffnung zum Verfrachten des Abraums an die Rasenoberfläche und zum Ablagern eines Maulwurfhügels

Abb. 36:
Durchdringung der horizontalen Barriere durch eine Wühlmaus. „Durchbruch“ im Gewebe randscharf und rund zerfressen

5.1.5 Anforderungen an die Reißfestigkeit und Dehnbarkeit

Durch Lasten, wie sie zum Beispiel beim Befahren der Rasenflächen mit Pflegegeräten entstehen, kann es, vor allem im feuchten Zustand des Bodens, zu Verformungen der oberen Bodenschicht im Hauptwurzelhorizont der Gräser kommen. Dadurch kommt es zu einer erhöhten Zugbelastung des Barrierematerials, das den Belastungen standhalten muss, ohne zu zerreißen.

Bei der Verwendung horizontaler Barrieren in Rasengrabanlagen auf Friedhöfen, kommt der Reißfestigkeit und der Dehnbarkeit des Barrierematerials eine größere Bedeutung zu. Sind unterhalb der Barrieren Hohlräume, zum Beispiel durch abgesackte Gräber, entstanden (Abb. 38), lastet das Gewicht der Rasennarbe, wie in Abbildung 37 gut zu erkennen ist, allein auf dem Geotextil, das dadurch hohe Belastungen aufnehmen, diese tragen muss und nicht zerreißen darf.

Wie stabil ein Gewebe ist, hängt unter anderem von der Webart und der Anzahl der Fäden ab, aus denen ein Geotextil hergestellt ist. Bei Geweben mit fest verbundenen Kreuzungspunkten oder sehr dicht verwobenen Fäden sind die Fäden gar nicht oder nur schwer zu verschieben. Diese Gewebe weisen eine hohe Maschenstabilität auf. Bei Geotextilien mit größeren Maschenweiten ist die Maschenstabilität je nach Webart geringer. Extrudierte Kunststoffgitter weisen hingegen eine steife, feste Gitterstruktur auf.

Durch den Wühlvorgang des Maulwurfs werden direkt unter der horizontalen Barriere die Wurzeln der Rasengräser abgerissen und das Gewebe freigelegt. Deshalb muss dieses in Webart und Material so beschaffen sein, dass es dem Maulwurf nicht möglich ist, die freigelegten Fäden des Geotextils zu verschieben, die Maschen aufzuweiten, gegebenenfalls zu zerreißen

Abb. 37:
Eingebrochenes Grab in einer Rasenreihengrabanlage, das durch die Barriere überspannt wird

Abb. 38:
Ausmaß des Grabeinbruchs, freigelegte Einbruchstelle. Aufgetrennte horizontale Barriere als Vorbereitung der Instandsetzung

Abb. 39:
Maulwurfshügel auf Rasenfläche mit horizontaler Barriere

Abb. 40:
Entfernter Maulwurfshügel, freigelegter Gang

Abb. 41:
Beschädigte, horizontale Barriere über Maulwurfsgang

und die horizontale Barriere zu durchdringen (Abb. 39 bis 42). Gewebe mit labilen, zu verschiebenden Kreuzungspunkten sind deshalb als horizontale Barrieren weniger geeignet.
Spinnvliese sind textile, verfestigte Flächengebilde, die keine Maschenstruktur aufweisen. Diese eignen sich nicht für den Einsatz als horizontale Barriere. Neben der unzureichenden Durchwurzelung des Spinnvlieses (Abb. 63 und 66) ist es dem Maulwurf möglich, das Spinnvlies sowie die eingelegte Gitterstruktur aus Kunststofffasern zu zerreißen und zu durchdringen (Abb. 43).
Dass es sich bei dem durchdrungenen Tier um den Maulwurf handelt, zeigt sich an der ungleichmäßigen, nicht randscharfen Struktur der Öffnung. Nager schaffen durch das Benagen in der Regel randscharfe, runde Ausschnitte (Abb. 36, 44 und 118 bis 121).

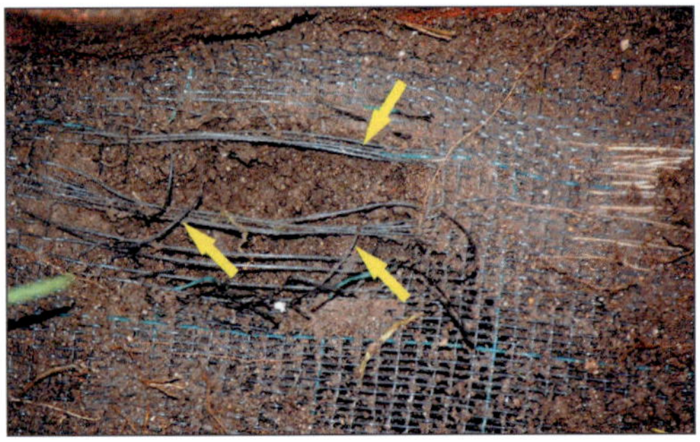

Abb. 42:
Von dem Maulwurf zerrissenes Barrierematerial

Abb. 43:
Aufgekratztes, zerrissenes Spinnvlies

5.1.6 Anforderungen an die Durchlässigkeit horizontaler Barrieren

Wurzeldurchlässigkeit

Die Durchlässigkeit einer horizontalen Barriere für Wurzeln wird im Wesentlichen von der Maschenweite und der Dicke des verwendeten Materials bestimmt. Die durchwurzelbare Fläche ergibt sich aus der Gesamtfläche des Gewebes abzüglich der Fäden bzw. des Materials. Je kleiner das Maschenformat ist, bzw. je dichter die Fäden verwoben sind, desto kleiner ist die durchwurzelbare Fläche der Barriere

Der flächige Verbund zwischen Rasen, horizontaler Barriere und Boden erfolgt über die Rasenwurzeln beim Durchwurzeln der Maschen der Barriere und dem Einwachsen in den Boden. Mit der Durchwurzelung ist es Maulwürfen nicht mehr möglich, die Barriere mit Bodenauflage anzuheben, wie das in der Keim- und Anwachsphase der Rasengräser noch möglich ist. Um einen festen Verbund zwischen Rasennarbe, Barriere und Boden zu erreichen, ist es wichtig, dass die Barrieren im Bereich des Hauptwurzelhorizonts der Rasennarbe verbaut werden. Sind die Gewebe zu feinmaschig, kann es gegebenenfalls zu einer Beeinträchtigung der Durchlässigkeit gegenüber Rasenwurzeln und damit dem Verbund zwischen Wurzeln und Boden kommen (Abb. 63 und 66).

Durchlässigkeit für Bodenlebewesen

Die Bodenentwicklung wird unter anderem durch die wühlenden Bodenlebewesen wie Mäuse, Maulwürfe, Regenwürmer (Megafauna 20 bis > 200 mm) sowie die Gruppe der kleineren Bodenlebewesen (Makrofauna 2 bis 20 mm), zu der unter anderem Käfer, Käferlarven, Asseln und Schnecken gehören, beeinflusst (Blume et al., 2016). Die Durchlässigkeit für die unterschiedlichen Gruppen der Bodenfauna ist bisher in keinem Regelwerk festgeschrieben. Gemessen an ihrer Funktion zur Vermeidung von Maulwurfshügeln müssen horizontale Barrieren Maulwürfe am Durchdringen hindern. Gleiches gilt auch für im Boden lebende Nager wie Wühlmäuse. Durchlässig sein müssen die Barrieren dagegen für Regenwürmer, da diese eine wichtige Funktion bei der Bodenbildung einnehmen. Sie bereiten die Zersetzungsprozesse organischer Materialien wie zum Beispiel Rasenschnitt, Laub usw. auf die weitere Mineralisierung durch Mikroorganismen vor. Durch die Wurmgänge kommt es unter anderem zu einer besseren Belüftung des Bodens (Blume et al., 2016). Der Regenwurm muss an die Bodenoberfläche vordringen können, um organisches Material aufzunehmen. Dies sollte durch eine ausreichend große Maschenweite der Barriere ermöglicht werden. Um zu prüfen, welche Maschenweite erforderlich ist, damit Regenwürmer die Barriere durchdringen können, wurden im Rahmen meiner wissenschaftlichen Untersuchungen entsprechende Modellversuche durchgeführt (Kapitel 7.2). Im Gegensatz dazu muss die Barriere für Maulwürfe undurchlässig sein. Eine besondere Anforderung an die Haltbarkeit

Abb. 44:
Durch Wühlmaus zernagte Maulwurfbarriere

der horizontalen Barrieren ergibt sich aus der Tatsache, dass Wühlmäuse und Maulwürfe die Gangsysteme gemeinsam nutzen (Witte, 1997), Wühlmäuse als Nager im Gegensatz zum Maulwurf jedoch in der Lage sind, Kunststoffgitter zu zernagen.

5.1.7 Umweltverträglichkeit

Geotextilien, die als horizontale Barrieren im Erdverbau eingesetzt werden, müssen hinsichtlich ihrer Eignung im Sinne der Umweltunbedenklichkeit untersucht und analysiert werden. Um Belastungen für den Boden und das Grundwasser zu vermeiden, muss das eingesetzte Barrierematerial schadstofffrei sein. Die polymeren Grundstoffe eines Geotextils sind nicht wasserlöslich und deshalb für den Boden und das Grundwasser unbedenklich. Jedoch können die Geotextilien Zusatzstoffe wie z. B Avivagen, Stabilisatoren oder Weichmacher enthalten, die wasserlöslich oder ausschwemmbar sind und zu Verunreinigungen des Grundwassers führen (FGSV, 2016).

Werden Zusatzstoffe in Geotextilien verwendet, muss die Unbedenklichkeit für diese Zusatzstoffe, zum Beispiel durch eine Inhaltserklärung, nachgewiesen werden. Aufschluss, welche Zusatzstoffe grundwasserschädigend wirken können, geben die Parameterlisten, der Bundes-Bodenschutz- und Altlastenverordnung (FGSV, 2016, Tab. 11).

Werden im Rahmen von Umbau- oder Sanierungsmaßnahmen von Rasenflächen horizontale Barrieren ausgebaut, ist es je nach Barriereart und Maschenweite möglich, diese von der Rasennarbe und dem Boden zu trennen (Abb. 52 bis 54). Die Trennung der Rasennarbe von dem Barrierematerial ist bei kleineren Maschenweiten mit stabilen Maschen einfacher als bei Barrieren mit verschiebbaren Fäden und Kreuzungspunkten. Das Trennen sollte in zwei Stufen durchgeführt werden. Zunächst wird die Rasennarbe oberhalb der Barriere von dieser gelöst und entfernt (bei Aufbaudicken von 4 cm ist dies mit der Schälmaschine möglich). Ist der Rasen oberflächlich abgetragen, lässt sich das Barrierematerial vom Untergrund abziehen. Restlicher anhaftender Boden kann dann in Teilstücken ausgeschüttelt werden. Dabei beeinflussen Stabilität und Reißfestigkeit des Gewebes die Ausbaumaßnahmen und sind zu beachten. Ein Gewebe, das schnell zerreißt, bricht oder bei dem sich die Maschen leicht verschieben lassen, lässt sich nicht gut trennen und ist somit nur unter erhöhtem Aufwand zu entsorgen.

Werden die Geotextilien getrennt oder zusammen mit dem Aushub entsorgt, sind die Entsorgungsrichtlinien der jeweiligen Bundesländer zu berücksichtigen, in denen das Material entsorgt werden soll.

Die Rückführung der Geotextilien in den Stoffkreislauf wäre wünschenswert, wird jedoch als Möglichkeit von den Entsorgern bislang nicht angeboten.

6 Beobachtungen zu den Auswirkungen horizontaler Barrieren

Bislang gab es keine wissenschaftlichen Erkenntnisse darüber, wie sich der Verbau horizontaler Barrieren in Rasenflächen auswirkt. Um diese Wissenslücke zu schließen, wurden 12 Beobachtungsflächen angelegt (Tabelle 3), anhand derer Erkenntnisse zu den verschiedenen Auswirkungen gewonnen werden sollten. In die Flächen wurden Geogewebe eingebracht, deren Maschenweiten im Bereich zwischen 0,8 mm x 0,8 mm und 3,0 mm x 3,0 mm lagen. In einem Beobachtungszeitraum von bis zu 10 Jahren konnten Erkenntnisse über den Einfluss der Barrierematerialien auf die Rasenentwicklung, das Bodenleben, das Verhalten der Maulwürfe sowie die Auswirkungen auf die Nutzungssicherheit und die Pflege- und Instandhaltungsmaßnahmen gewonnen werden. Es ergaben sich weitere Fragen, die unter anderem, durch zusätzliche Laborversuche (Kapitel 7) beantwortet werden konnten. Darüber hinaus wurden Hinweise auf die Eignung von Materialien und Beschaffenheit der Barrieren gewonnen.

6.1 Bauweise der Beobachtungsflächen

Durch die Beobachtung von Freilandflächen mit horizontal verbauten Barrieren sollte untersucht werden, wie sich der Einbau mit unterschiedlichen Aufbaudicken in Rasenflächen auswirkt und ob es nach der Zerstörung des oberflächennahen Gangsystems zu einer Wiederbesiedlung der Beobachtungsflächen durch den Maulwurf kommt. Dazu wurde zum einen das Einbauverfahren in „Sandwichbauweise" ausgewählt (Abb. 45), mit dem es möglich war, Geogewebe als horizontale Barriere zu verbauen, ohne das Gangsystem des Maulwurfs zu zerstören. Zum anderen wurde das Verfahren der überdeckten Bauweise gewählt (Abb. 46), bei der der Boden tiefgründig (15-20 cm) gelockert wurde, um für die Beobachtungen, die Tunnel und Jagdgänge des Maulwurfs zu zerstören. Die Flächen wurden gefräst und eingeebnet. Auf dem fertig gestellten Planum wurde das Barrierematerial verlegt und mit gesiebtem, steinfreiem Oberboden (humosem Sand) in einer Schichtdicke von 3 cm angedeckt. Anschließend wurde Rasen eingesät oder Fertigrasen verlegt. Bei der Sandwichbauweise fand keine Bodenbearbeitung statt.

Die vorhandenen Rasenflächen wurden kurz gemäht und die Unebenheiten mit einem Sand-Boden-Gemisch egalisiert.

Auf der eingeebneten Oberfläche wurde im Anschluss die horizontale Barriere verlegt und nach dem Verfahren Kendzias (2009) mit Fertigrasen belegt. Während der Aufbau über der Barriere bei der überdeckten Bauweise ca. 30 mm bis 45 mm betrug, waren es bei der Sandwichbauweise ca. 15 mm, das entspricht der üblichen Schäldicke des Fertigrasens.

Die Auswahl der Beobachtungsflächen basierte auf der ganzjährig zu beobachtenden Aktivität von Maulwürfen, die auch in den Nachbarflächen vor Versuchsbeginn beobachtet wurden. Im April des Jahres 2007 wurden die ersten Beobachtungsflächen angelegt, denen bis 2015 neun weitere Flächen folgten.

Die Beobachtungsflächen liegen in der Region Hannover. Durch die unterschiedlichen Standorte der Beobachtungsflächen sind die Barrieren in unterschiedlichen Bodenarten, humoser Sand als auch Lößlehm, verbaut worden. Die kleinste Fläche hat 105 m², die größte 300 m² (Tabelle 3).

In den Beobachtungsflächen wurde sowohl Geogewebe als auch Geovlies als Barrierematerial verbaut (Tabelle 3), wobei sich diese hinsichtlich ihrer Herstellung und Struktur unterscheiden. Das Geovlies weist keine Maschenstruktur auf.

Abb. 45:
Barriere mit Fertigrasen belegt (Sandwichbauweise)
1 Fertigrasen in Schäldicke, 2 Barriere,
3 alte Rasennarbe, 4 Untergrund

Abb. 46:
Barriere mit Rasentragschicht überbaut
1 Rasentragschicht mit Ansaat, 2 Barriere,
3 Untergrund

Die Maschenweite des verwendeten Geogewebes liegt in einem Bereich von 0,8 mm x 0,8 mm bis 3 mm x 3 mm (Abb. 48 bis 51), da insbesondere in diesem Maschenbereich Auswirkungen auf die Rasennarbe und das Bodenleben nicht ausgeschlossen werden können. Um beobachten zu können, ob sich durch den Verbau in unterschiedlichen Bodenarten Auswirkungen auf die Rasennarbe und das Bodenleben ergeben, wurden Spinnvlies mit Gewebeeinlage und Geogewebe mit unterschiedlichen Maschenweiten sowohl auf Standorten mit humosen Sandböden als auch auf Lößlehmböden verbaut. In den nachfolgenden Datenblättern (Abb. 47 bis 51) sind die relevanten Merkmale der unterschiedlichen Materialien jeweils zusammengefasst dargestellt.

Um die Entwicklung der Beobachtungsflächen (Tabelle 3) vergleichen zu können, wurden diese mit dem gleichen Fertigrasen belegt.

Während der gesamten Beobachtungsphase wurde der Rasen nicht vertikutiert, es wurden weder mechanische Maßnahmen zur Beikrautentfernung noch eine Behandlung mit selektiven Herbiziden durchgeführt. Der Fertigrasen entwickelte sich in dem Beobachtungszeitraum auf allen Standorten gemäß den Anforderungen der DIN 18917. Die Ansiedlung von Beikräutern konnte nicht oder nur vereinzelt festgestellt werden (Abb. 52 bis 57). Dadurch wurde die Annahme bestätigt, dass horizontale Barrieren, gleich welcher Einbauart und Maschenweite, die Bildung von Kahlstellen infolge der Grabtätigkeit des Maulwurfs und die nachfolgende damit verbundene Ausbreitung von Beikräutern verhindern.

Die Entwicklung einer geschlossenen Rasennarbe wird durch den Einbau der Barrieren gefördert.

Nr.	PLZ	Ort	Bodenart	Einbau-datum	Maschenweite in mm	Fläche in m^2
1	30926	Lohnde	humoser Sand	04.2007	Spinnvlies	115
2	30926	Harenberg	Lehm	06.2007	Spinnvlies	45
3	30926	Lohnde	humoser Sand	04.2009	0,8 x 0,8	127
4	30926	Gümmer	humoser Sand	03.2011	0,8 x 0,8	240
5	30926	Gümmer	humoser Sand	04.2011	3,0 x 3,0	285
6	31515	Wunstorf	humoser Sand	05.2011	0,8 x 0,8	360
7	30926	Dedensen	Lehm	05.2011	0,8 x 0,8	120
8	31311	Dedenhausen	humoser Sand	06.2013	2,9 x 1,0	270
9	30926	Döteberg	Lehm	04.2013	3,0 x 3,0	330
10	30926	Harenberg	Lehm	06.2014	1,1 x 1,7	255
11	30453	Ahlem	Lehm	04.2015	1,1 x 1,7	105
12	30453	Ahlem	Lehm	04.2015	2,9 x 1,0	230

Tabelle 3:
Räumliche Lage, Größe, Bodenart der Versuchsflächen sowie die Art der verwendeten Barriere

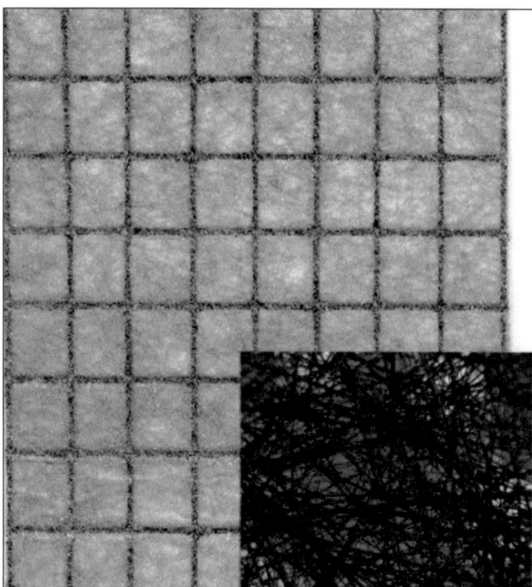

Bezeichnung:	**Spinnvlies mit Gewebeeinlage**
Anzahl der Fäden auf 100 cm^2:	Wirrgelege
Fadenstärke	0,6 mm/ 3787 dtex[4]
Anzahl Knotenpunkte pro 100 cm^2:	keine
Durchwurzelbare Fläche pro 100 cm^2	ca. 25 %
Nicht durchwurzelbare Fläche pro 100 cm^2	ca. 75 %
durchwurzelbare Weiten:	0,35 mm bis 0,55 mm

Abb. 47:
Spinnvlies als Wirrgelege, Öffnungsweite 0,35 mm bis 0,55 mm, mit Gewebeeinlage 11 mm x 11 mm
Nahaufnahme: eingefärbte Spinnvliesfasern zur Darstellung der Durchlässigkeit

Bezeichnung:	**PES -Gewebe 30/30**
Anzahl der Fäden auf 10 cm : Kette: Schuss:	 30 Stck 30 Stck
Fadenstärke: Kette: Schuss:	 0,85 mm/ 1100 dtex 0,85 mm/ 1100 dtex
Anzahl Knotenpunkte pro 100 cm²:	900 Stk.
Durchwurzelbare Fläche pro 100 cm²	ca. 39 %
Nicht durchwurzelbare Fläche pro 100 cm²	ca. 61 %
Maschenweite: Kette: Schuss:	 3 mm 3 mm

Abb. 48:
PES-Gewebe, Maschenweite 3,0 mm x 3,0 mm

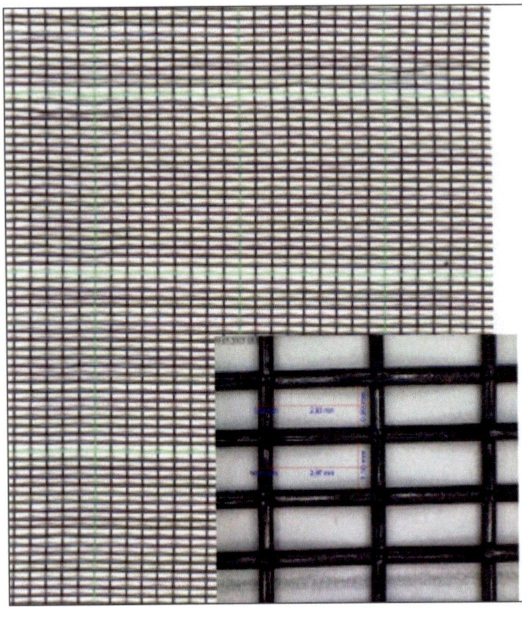

Bezeichnung:	**PE-Monofilgewebe 2,9/1,0**
Anzahl der Fäden auf 10 cm : Kette: Schuss:	 70- 75 Stck 30- 33 Stck
Fadenstärke: Kette: Schuss:	 0,46 mm/ 1500 dtex 0,46 mm/ 1500 dtex
Anzahl Knotenpunkte pro 100 cm²:	2283 Stck
Durchwurzelbare Fläche pro 100 cm²	ca. 43 %
Nicht durchwurzelbare Fläche pro 100 cm²	ca. 57 %
Maschenweite: Kette: Schuss:	 2,9 mm 1,0 mm

Abb. 49:
PE-Monofilgewebe, Maschenweite 2,9 mm x 1,0 mm

Bezeichnung:	**PE-Monofilgewebe 2,9/1,0**
Anzahl der Fäden auf 10 cm : Kette: Schuss:	 90 Stck 70 Stck
Fadenstärke: Kette: Schuss:	 0,46 mm/ 1359 dtex 0,46 mm/ 1359 dtex
Anzahl Knotenpunkte pro 100 cm²:	6300 Stck
Durchwurzelbare Fläche pro 100 cm²	ca. 74 %
Nicht durchwurzelbare Fläche pro 100 cm²	ca. 26 %
Maschenweite: Kette: Schuss:	 1,7 mm 1,1 mm

Abb. 50:
PE-Monofilgewebe, Maschenweite 1,7 mm x 1,0 mm

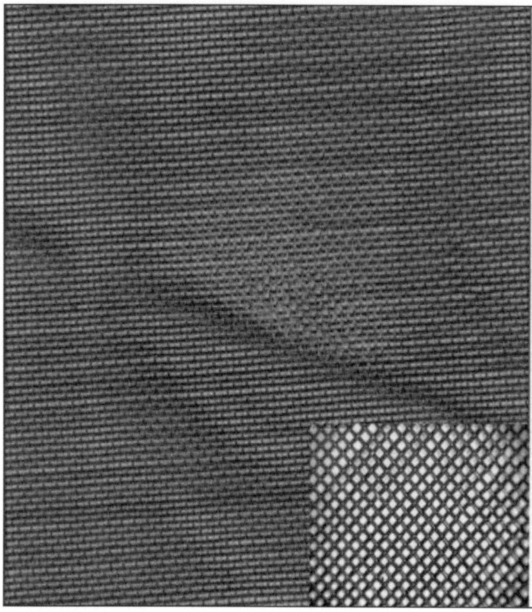

Bezeichnung:	**Monofilgewebe 0,8 x 0,8**
Anzahl der Fäden auf 10 cm : Kette: Schuss:	 80 Stck 60 Stck
Fadenstärke: Kette: Schuss:	 0,43 mm/ 1250 dtex 0,43 mm/ 1250 dtex
Anzahl Knotenpunkte pro 100 cm²:	4800Stck
Durchwurzelbare Fläche pro 100 cm²	ca. 51%
Nicht durchwurzelbare Fläche pro 100 cm²	ca. 49 %
Maschenweite: Kette: Schuss:	 0,8 mm 0,8 mm

Abb. 51:
PE-Monofilgewebe, Maschenweite 0,8 mm x 0,8 mm

Abb. 52:
Beobachtungsfläche1
Beobachtungszeitaum: 04.2007-03.2016

Abb. 55:
Nahaufnahme Beobachtungsfläche 3
Aufnahmedatum: 16.05.2017

Abb. 53:
Nahaufnahme Beobachtungsfläche 1
Aufnahmedatum: 14.03.2016

Abb. 56:
Beobachtungsfläche 5
Beobachtungszeitraum: 05.2011-05.2017

Abb. 54:
Beobachtungsfläche 3,
Beobachtungszeitraum: 03.2011-05.2017

Abb. 57:
Nahaufnahme Beobachtungsfläche 5
Aufnahmedatum: 23.05.2016

Abb. 58:
Vom Untergrund gelöste horizontale Barriere

Abb. 59:
Rasennarbe von horizontaler Barriere gelöst und aufgerollt

6.2 Auswirkung auf die Durchwurzelung

Die beiden folgenden Untersuchungen gehen den Fragen nach: ob Geogewebe mit einer Maschenweite von 0,8 mm x 0,8 mm, hinreichend durchwurzelt werden, so dass die Rasenentwicklung nicht beeinträchtigt wird? Ob und in welchem Zeitraum die durchwurzelbaren Flächen der Geogewebe vollständig mit Wurzeln ausgefüllt werden, so dass es nachfolgend gegebenenfalls zu Beeinträchtigungen der Wasserleitfähigkeit kommen kann?

Zur Beantwortung der Fragestellungen wurden die Flächen jeweils 5 Jahre nach ihrer Fertigstellung untersucht, da nach dieser Zeit fundierte Aussagen zur Entwicklung der Rasenwurzeln und zum Einfluss der Wurzeln auf die Geogewebe erwartet werden konnten.

Ausgehend von der Annahme, dass bei einer hinreichenden Durchwurzelung der Barriere der Boden durch die Rasenwurzeln flächig an dieser gehalten wird, wurde die Rasennarbe im Bereich der Barriereränder leicht gelöst und dann samt Barriere vom unteren Boden zur Rasenseite abgezogen (Abb. 61).

Abb. 60:
Trennung von Rasennarbe und horizontaler Barriere

Abb. 61:
Abgezogene Rasennarbe mit durchwurzelter horizontaler Barriere und anhaftendem, Boden

Dabei wurde festgestellt, dass unter der Barriere in gleichmäßiger Schichtdicke Boden anhaftete, der durch die Rasenwurzeln gehalten wurde. Dieses ließ den Rückschluss auf eine hinreichende Durchwurzelung der Barriere zu.
Um die Frage nach möglichen Einschnürungen der Wurzeln durch das Gewebe beantworten zu können, wurden aus den Beobachtungsflächen Erdkerne der Rasennarbe bis ca. 7 cm unter der Barriere entnommen. Um die Rasenwurzeln vom Boden zu lösen und zu verhindern, dass sie dabei abreißen, wurden die Rasenproben für ca. 24 Stunden in einem Behälter mit Wasser eingeweicht. Der wassergesättigte, weiche Lößlehmboden unterhalb der Barriere ließ sich anschließend mit einem weichen Wasserstrahl aus den Rasenwurzeln ausspülen (Abb. 62 und 63). Mithilfe einer digitalen Mikroskop-Kamera (Digi-Micro-Scale 2 USB 2 Mio. Pixel) wurde das durchwurzelte Gewebe betrachtet, die freigelegten Rasenwurzeln fotografiert und bei 200-facher Vergrößerung digital vermessen, (Abb. 64 bis 66). Beim Vergleich der Rasenflächen, in denen eine horizontale Barriere aus Monofilgewebe, der Maschenweite 0,8 mm x 0,8 mm, verbaut wurde und der Rasenflächen in denen eine horizontale Barriere aus Spinnvlies, mit einer Öffnungsweite des Wirrgeleges von 0,3 mm verbaut wurde, war festzustellen, dass die Rasenentwicklung auf den jeweiligen Flächen vergleichbar war, während die Durchwurzelung sehr unterschiedlich ausfiel. Die Durchwurzelung des Spinnvlieses mit Gewebeeinlage (Abb. 63 und 66) war im Vergleich zu der Durchwurzelung des Monofilgewebes mit einer Maschenweite von 0,8 mm x 0,8 mm (Abb. 62, 64 und 65) deutlich schwächer ausgeprägt.

Abb. 62:
Freigespülte Rasenwurzeln, gute Durchwurzelung der Barriere aus Monofilgewebe
Maschenweite: 0,8 mm x 0,8 mm

Abb. 63:
Freigespülte Rasenwurzeln, schwache Durchwurzelung der Barriere aus Spinnvlies
Öffnungsweite Wirrgelege 0,3 mm bis 0,5 mm

Wurzeleinschnürungen konnten im Rahmen der Untersuchungen unter dem Kameramikroskop in beiden Fällen nicht festgestellt werden. Die Maschenweite 0,8 mm x 0,8 mm ließ den Rasenwurzeln mit einem Durchmesser von 0,57 mm ausreichend Platz zum Durchwurzeln (Abb. 64).

Das dichtere Wirrgelege des Spinnvlieses wurde nicht hinreichend durchwurzelt, die Durchwurzelung mit Rasenwurzeln wurde jedoch auch nicht verhindert (Abb. 66). Durch mehrfache Inaugenscheinnahme und Betrachtung der Beobachtungsflächen konnten keine Anzeichen einer gestörten Wasserleitfähigkeit, wie zum Beispiel einer Pfützenbildung bei Niederschlägen, festgestellt werden.

Die Annahme, durch die Maschen gewachsene Rasenwurzeln könnten dazu führen, die Wasserleitfähigkeit der Barrieren einzuschränken, wurde durch die Ergebnisse der Untersuchungen nicht bestätigt.

Während der Beobachtung der Flächen stellte sich heraus, dass die Wasserversorgung der Rasengräser durch den Einbau in Sandwichbauweise beeinträchtigt werden kann, wenn es unterhalb der Barrieren zu Verwühlungen durch den Maulwurf kommt. Um der Frage nachzugehen wie es zu den Beeinträchtigungen kommt, wurden Aufgrabungen in den betroffenen Rasenflächen durchgeführt (Abb. 96 bis101). Diese ergaben, dass dem Wurzelraum oberhalb der Barriere und damit dem Aufbau des Oberbodens oberhalb der Barriere, im Hinblick auf die Versorgung der Rasennarbe eine große Bedeutung zukommt.

Bei Wühlvorgängen unterhalb der Barrieren kommt es zu Wurzelverlusten der Gräser, die diese aufgrund des nicht hinreichenden Wurzelanteils oberhalb der horizontalen Barriere, schlechter kompensieren können.

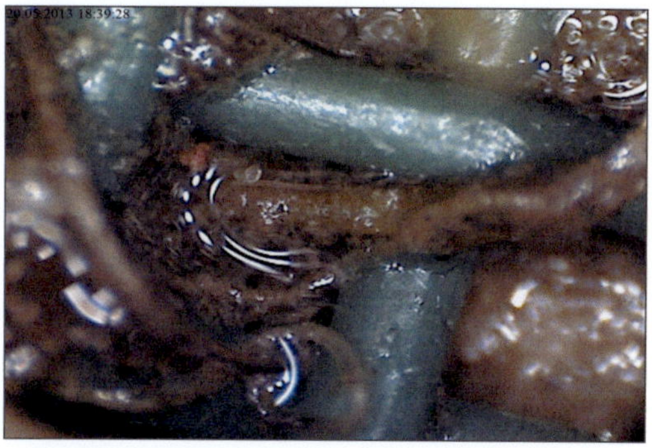

Abb. 64:
Durchwurzelung der Barriere aus Monofilgewebe, Maschenweite 0,8 mm x 0,8 mm, 200-fach vergrößert

Abb. 65:
Vermessene Rasenwurzeln, 30-fach vergrößert

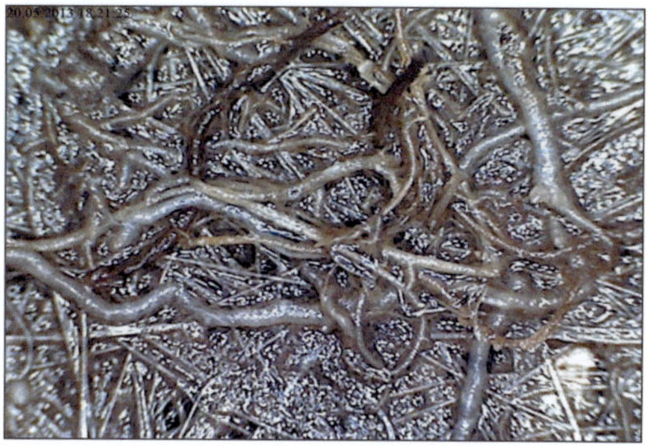

Abb. 66:
Durchwurzeltes Spinnvlies, Öffnungsweite des Wirrgeleges 0,3 mm bis 0,5 mm
200-fach vergrößert

6.3 Auswirkungen auf das Bodenleben und den Boden

Da es bislang keine Erkenntnisse zu den Auswirkungen horizontaler Barrieren auf das Bodenleben gab, sollten in diesem Zusammenhang die Auswirkungen auf die selbstgrabenden Bodenlebewesen der Mega- und Makrofauna (Abb. 67) untersucht werden. Zu ihnen zählt der Regenwurm als Nützling ebenso, wie Käfer, z. B. Blatthornkäferarten und deren Larven, die jedoch den Schädlingen zugeordnet werden.

In ihrem Entwicklungsprozess von der Larve zum ausgewachsenen (adulten) Insekt müssen einige Insekten und Käfer für die verschiedenen Stadien ihrer teils mehrjährigen Entwicklung unterschiedliche Bodentiefen aufsuchen (Abb. 68). Diese teils unterirdische (subterrane) Lebensweise bedingt, dass die Larven in diesem Umfeld auch ihre Nahrung suchen. So kommt es zum Beispiel durch die Larven der Blatthornkäferarten oder der Wiesenschnaken zu flächigem Wurzelfraß an den Rasengräsern, wodurch die Rasennarbe (teilweise irreversibel) geschädigt wird. Deshalb ist die Beantwortung die Frage, ob es durch den Einsatz horizontaler Barrieren möglich ist, die Entwicklung der Rasenschädlinge gezielt zu beeinflussen, von großer Bedeutung. Das Vordringen der Larven in tiefere Bodenschichten oder umgekehrt an die Oberfläche ist dabei für diese überlebenswichtig.

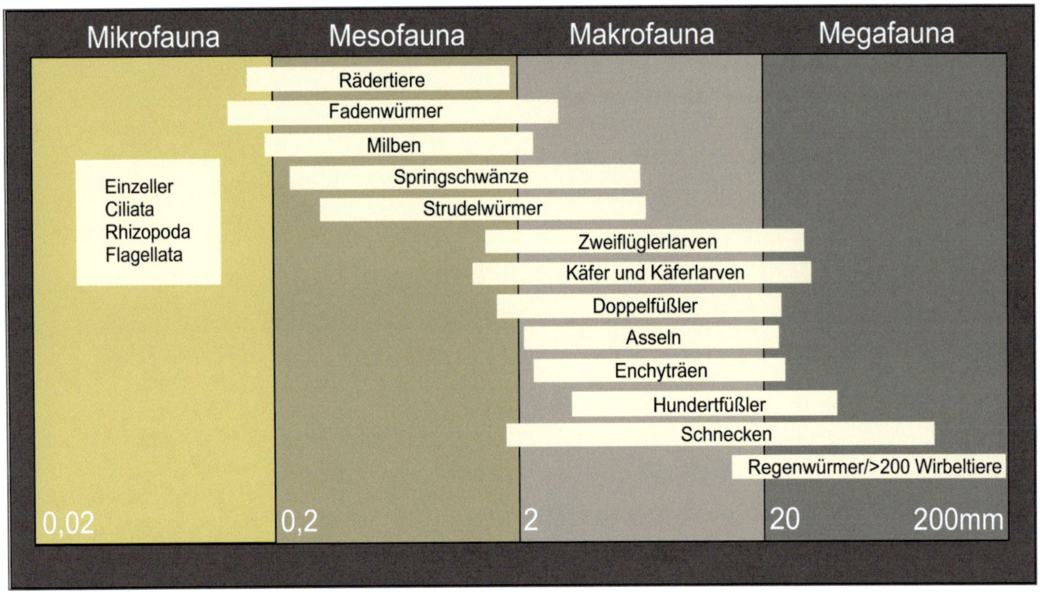

Abb. 67:
Einteilung der wichtigsten Bodentiergruppen nach Größenklassen (Dunger, 2013 und Hintermaier-Erhard und Zech 1997)

Gelingt ihnen das zum Beispiel aufgrund der vorhandenen Barrieren nicht, kann die Entwicklung maßgeblich gestört werden. Der Tod ist eine möglich Folge (Abb. 69 und 70). Das Verlassen des Bodens als ausgewachsenes Insekt schließt sich der Entwicklung des Larvenstadiums an. Hierzu müssen die Barrieren, von den aus tieferen Bodenschichten kommenden Insekten, durchdrungen werden. Je feiner die Maschen der Barrieren dabei sind, desto schwieriger sind diese zu durchdringen. Bei den Insekten und Insektenlarven ist hierbei der Kopfdurchmesser mit der meist harten Kopfkapsel der begrenzende Faktor für die Durchdringung horizontaler Barrieren und kann deshalb als entscheidendes Kriterium zur Größenbestimmung der noch durchdringbaren Maschenweite einer Barriere herangezogen werden (Abb. 71, 73 und 74 sowie Tabelle 4). Sind die Maschen der horizontalen Barrieren kleiner als der Kopfdurchmesser der Insekten/ Insektenlarven, können diese die Barriere nicht mehr durchdringen. Um für die bedeutendsten Rasenschädlinge die relevanten Eigenschaften im Hinblick auf das Durchdringen von Barrieren zu ermitteln, wurden, ergänzend zu den Angaben Haardts (2017) zu Entwicklung und Körpermaßen der Insekten, die Köpfe der Larven und Engerlinge unter dem Kameramikroskop vermessen. Die Kopfkapsel wurde jeweils an der breitesten Stelle, von Auge zu Auge, gemessen (Abb. 71 bis 74).

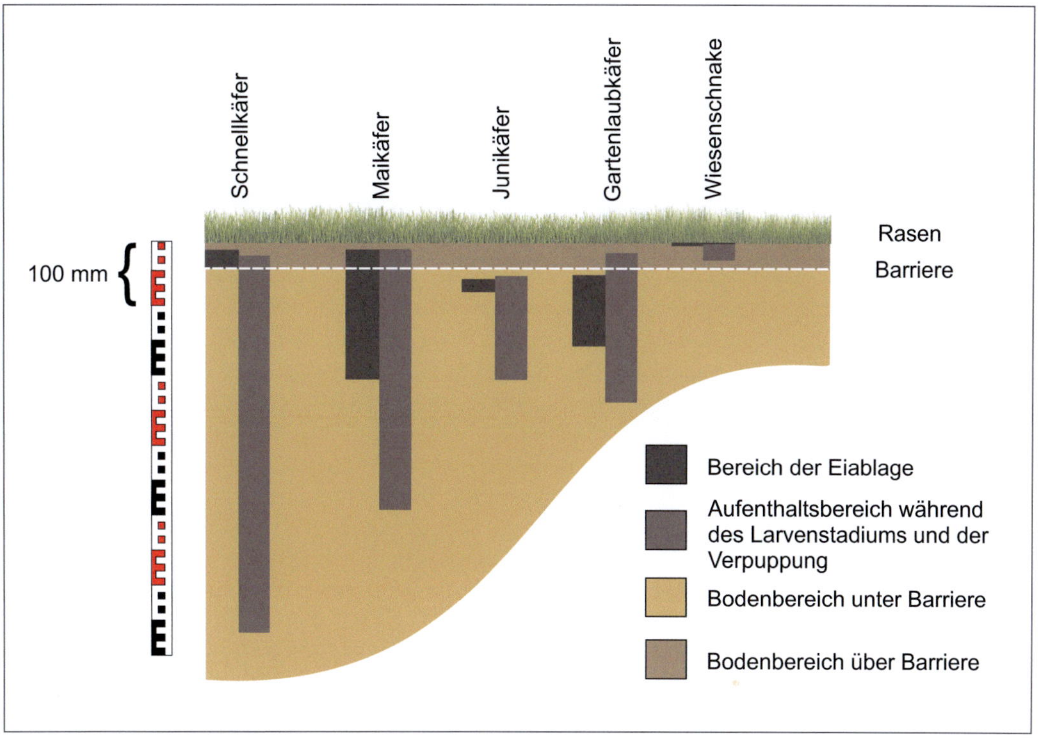

Abb. 68:
Aufenthaltsbereiche der Rasenschädlinge im Boden während der unterschiedlichen Entwicklungsstadien

Im Ergebnis wiesen, mit Ausnahme der Larve der Wiesenschnake (Abb. 73), alle anderen Larven eine Kopfkapselgröße von mehr als 1 mm auf (Tabelle 4).
Im Gegensatz zu den Insekten können Regenwürmer Ihren Körperdurchmesser stark verkleinern, indem sie sich strecken. Somit ist es ihnen möglich, auch durch kleine Maschen oder durch kleine Hohlräume und Röhren zu kriechen (Abb. 75).

Abb. 69:
Engerlinge einer Blatthornkäferart 20 mm unter der Rasennarbe, über der Barriere

	Saat-schnellkäfer (Agriotes lineatus)	**Gartenlaub-käfer** (Phyllopertha horticola)	**Junikäfer** (Amphimallon solstitialis)	**Maikäfer** (Melolontha melolontha)	**Wiesen-schnake** (Tipula paludosa)	**Ypsiloneule** (Agrotis ipsilon)
Rasenschädigendes Entwicklungsstadium	Larve Drahtwurm	Larve Engerling	Larve Engerling	Larve Engerling	Larve	Larve Raupe
Tiefe der Eiablage in mm	10 - 40	50 - 160	60 - 80	bis 200	5	n. b.
Aufenthaltstiefe in mm	20 - 600	200	50 - 160	bis 600	25	n. b.
Körperlänge adultes Insekt in mm	7 - 12	8 - 12	14 - 18	30	16 - 25	22
Kopfkapsel Ø Auge/Auge in mm	1,30	2,80	5,08	6,98	0,98	3,7 - 4,1
Körperdurchmesser Larve in mm	1,69	3,43	7,5	10,64	2,6 - 4,0	2,0 - 4,2
Körperlänge Larve	20 - 40	15 - 22	30	60	50	44

Tabelle 4:
Artspezifische Eigenschaften der verschiedenen Rasenschädlinge, Tabelle Ludowig nach Haardt (2017), Angaben zum Durchmesser der Kopfkapsel im Larvenstadium Ludowig

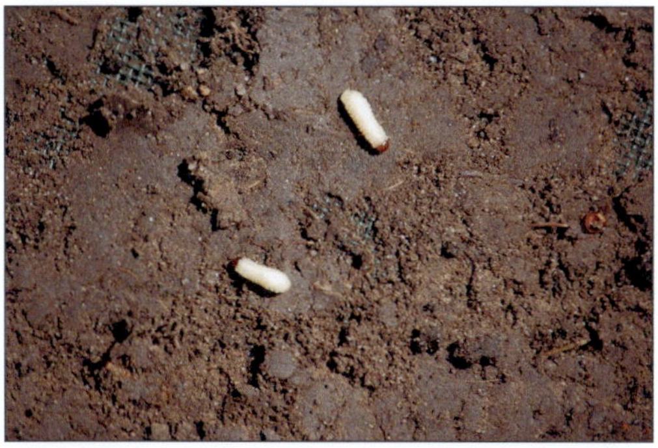

Abb. 70:
Für Blatthornkäfer-Engerlinge undurchdringliche Barriere (Maschenweite 0,8 mm x 0,8 mm)

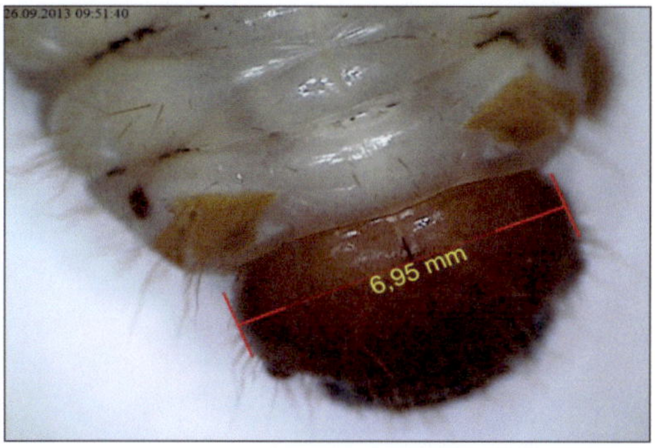

Abb. 71:
Kopfgröße des Maikäfer-Engerlings: 6,95 mm
20-fach vergrößert

Abb. 72:
Größenverhältnis des Engerlings im Vergleich zur Barriere (Maschenweite 3 mm x 1 mm)

Abb. 73:
Kopfgröße der Wiesenschnakenlarve (Tipulalarve) 0,98 mm
20-fach vergrößert

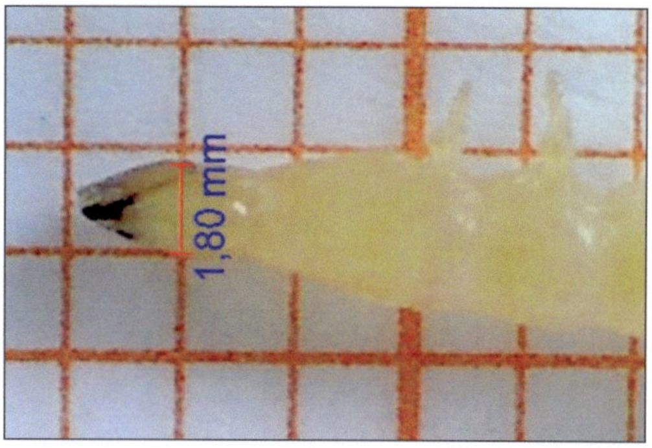

Abb. 74:
Kopfgröße des Drahtwurms 1,80 mm
20-fach vergrößert

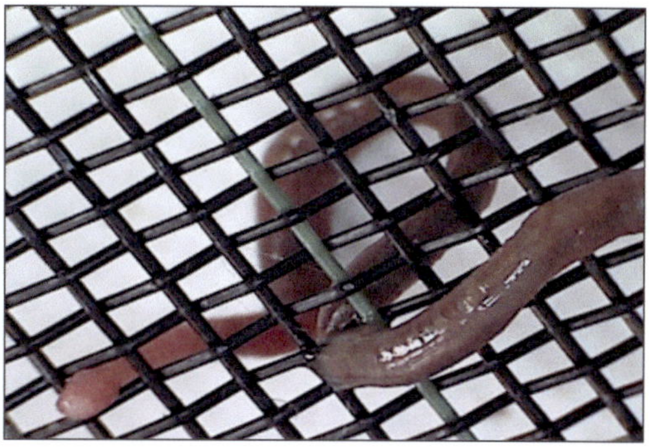

Abb. 75:
Größenverhältnis des Regenwurms im Vergleich zur Barriere (Maschenweite 1,7 mm x 1,0 mm)

In den Beobachtungsflächen konnte durch Aufgrabungen festgestellt werden, dass Regenwürmer Maschenweiten von 1 mm x 3 mm durchdringen können. Deshalb wurden Barriereflächen untersucht, bei denen Gewebe mit geringerer Maschenweite verbaut wurde. Dazu wurden Aufgrabungen im Randbereich der Rasenflächen mit feinmaschiger Barriere (0,8 mm x 0,8 mm) vorgenommen. Zum Vergleich erfolgten drei zusätzliche Aufgrabungen in der Mitte der Rasenfläche, um zu ergründen, ob und gegebenenfalls wie sich die feinmaschige Barriere auf die Zuwanderung der Regenwürmer in die Fläche auswirkt.

Die Aufgrabungsflächen wurden mit einer Fläche von 0,25 m² (0,5 m x 0,5 m) bemessen, der Boden wurde mittels Pflanzkelle vorsichtig gelöst, mit den Fingern behutsam zerkleinert, die Regenwürmer wurden abgesammelt und in einem Behälter gelagert.

Nach dem Abtrag des Bodens über der Barriere (Abb. 76) wurde die Anzahl der Würmer festgestellt (Abb. 77).

Abb. 76:
Aufgrabungsbereich 0,5 m x 0,5 m
in der Mitte der Rasenfläche

Abb. 78:
Abtragstiefe unter der Barriere 5 cm

Abb. 77:
Gesamtanzahl der Würmer oberhalb der Barriere

Abb. 79:
Keine Regenwurmgänge unterhalb der Barriere,

Anschließend wurde die Barriere aufgetrennt, der Boden unter der Barriere bis zu einer Tiefe von 5 cm abgetragen und die dort vorhandenen Regenwürmer in gleicher Weise aus dem Boden separiert und gezählt (Abb. 78). Das Ergebnis zeigt, dass die feinmaschige Barriere sich auf das Wanderungsverhalten der Regenwürmer auswirkt.

Im Übergangsbereich von Rasen- und Beetflächen (Abb. 80) wurden zahlreiche Regenwürmer gefunden sowohl unterhalb als auch oberhalb der Barriere etwa gleich viele.

Bei den mittig in der Rasenfläche vorgenommenen Grabungen wurden oberhalb der Barriere zwischen 64 und 93 Regenwürmer gezählt, während unterhalb der Barrieren lediglich ein Exemplar gefunden wurde.

Abb. 80:
Regenwurmgänge unterhalb der horizontalen Barriere im Übergangsbereich von Rasen zu Beetfläche

Dieses Ergebnis lässt den Rückschluss zu, dass die Regenwürmer aus den Beetflächen oberhalb der Barrieren in die Rasennarbe einwandern und dort, durch die Barriere geleitet, weiter in die Rasenfläche vordringen.

Das Ergebnis zeigt aber auch, dass die Barrieren dieser Maschenweite von den Regenwürmern nicht durchdrungen werden können (Abb 79).

Die Beobachtungsergebnisse lassen den Rückschluss zu, dass die Rasenschädlinge und deren Entwicklung durch den Einsatz horizontaler Barrieren gezielt beeinflusst werden können.

Maßgeblich ist hierbei die gewählte Maschenweite, mit der gleichermaßen auch Einfluss auf die Existenz des Regenwurms genommen werden kann.

Deutlich wird aber auch, dass es durch eine Reduzierung der Artenzahl und einer Verkleinerung der Rasenschädling- und Regenwurmpopulationen das Nahrungsangebot für den Maulwurf geringer wird.

	Fläche in m^2/	Tiefe unter der Barriere	Regenwürmer oberhalb der Barriere	Regenwürmer unterhalb der Barriere	Datum
Aufgrabung 1	0,25	5	68	0	31.05.2016
Aufgrabung 2	0,25	5	93	1	31.05.2016
Aufgrabung 3	0,25	5	64	0	31.05.2016

Tabelle 5:
Ergebnisse der Wurmzählung oberhalb und unterhalb einer Barriere, Maschenweite 0,8 mm x 0,8 mm

Dieses Ergebnis deckt sich mit den Aussagen Wittes (1997), der ausführt, dass das verfügbare Nahrungsangebot (Regenwürmer; Tipula- sowie andere Insektenlarven) im Boden für den Maulwurf der begrenzende Faktor sein dürfte.
Entspräche das Verhalten des Maulwurfs der Annahme Wittes hätte die Verwendung von Barrieren mit einer Maschenweite von 0,8 mm x 0,8 mm zur Folge, dass sich Maulwürfe aus den Rasenflächen zurückziehen und sich dort aufgrund des fehlenden Nahrungsangebotes nicht mehr aufhalten. Darüber hinaus prognostiziert Witte eine Abnahme der Bodengüte als Folge des Artenrückgangs (Witte, 1997).
Aufgrund fehlender Arten ist eine Einschränkung der biologischen Aktivität zu erwarten und damit von einem Nachlassen der Bodenfruchtbarkeit auszugehen. Verschlechtern sich jedoch die Standortbedingungen des Rasens, weil z.B. Regenwürmer fehlen, wird dieser im Wachstum beeinträchtigt. Um die biologische Bodenaktivität zu erhalten, ist es deshalb unerlässlich, Barrieren mit Maschenweiten zu verwenden, die für Regenwürmer durchlässig sind.

6.4 Auswirkung auf das Verhalten des Maulwurfs

Eine wichtige Frage, die anhand von Beobachtungen der Barriereflächen geklärt werden sollte, war die Frage nach der Weiternutzung oder auch einer Wiederbesiedlung des Reviers durch den Maulwurf nach dem Einbau horizontaler Barrieren.
Der Beantwortung dieser Frage kommt eine herausragende Bedeutung zu, da hierdurch gegebenenfalls Aussagen zu einer Störwirkung der Barrieren auf den Maulwurf getroffen werden können.

Verhalten unter den Barrieren

Um Erkenntnisse über das Verhalten des Maulwurfs nach dem Einbau der horizontalen Barrieren (Kapitel 6.1) in den Versuchsflächen zu erlangen, wurden diese über einen Zeitraum von 10 Jahren 8 mal jährlich kontrolliert. Maßstab für das Funktionieren der Barrieren war die maulwurfshügelfreie Rasenfläche. Maulwurfshügel in diesen Flächen waren jedoch nicht nur Anzeichen für den Aufenthalt des Maulwurfs unter den Barrieren, sondern wiesen zugleich auf eine Funktionsstörung der Barriere hin.
Bei den Kontrollen wurde festgestellt, dass auf Rasenflächen, in denen horizontale Barrieren verbaut wurden (Tabelle 3), keine Maulwurfshügel vorhanden waren. Dagegen wurden zahlreiche Maulwurfshügel in den angrenzenden Beeten abgelagert.
Um herauszufinden, ob die Maulwürfe auch unter den Barrieren aktiv sind, wurde eine zusätzliche Beobachtungsfläche angelegt und in drei Flächen aufgeteilt (Abb. 81 bis 83): In eine Barrierefläche, die in überdeckter Bauweise hergestellt wurde und bei der die oberflächennahen Gänge durch Tiefenlockerung zerstört wurden (A). In eine Barrierefläche, die in Sandwichbauweise hergestellt wurde (B) und in eine unveränderte barrierelose Rasenfläche (C).
Zwischen den Flächen A und B wurden die Barrierekanten nur auf Stoß aneinander gelegt. Zwischen den horizontalen Barrieren bestand für den Maulwurf damit die Möglichkeit, Abraummaterial an die Rasenoberfläche zu verfrachten und dort entlang der Barrierekanten abzulegen (Abb. 81 und 83).
Anhand der abgelegten Maulwurfshügel konnte nachvollzogen werden, dass die-Maulwürfe zwischen der barrierelosen Fläche (C) und den Barriereflächen (A und B) hin und her wechselten und dabei zum

Unterwandern der Fläche B eine Strecke von 8,80 m unterhalb der Barriere zurücklegten (Abb. 81). Daneben wichen Maulwürfe zum Verfrachten des Abraums in die angrenzenden Beetflächen (C) aus und legten dort Maulwurfshügel ab (Abb. 82). Um festzustellen wie aktiv der Maulwurf unter den Barrieflächen ist, wurden die Aktivitäten und das Bewegungsprofil eines aus dem benachbarten Acker zugewanderten Maulwurfs anhand der abgelegten Maulwurfshügel über einen Zeitraum von 14 Tagen erfasst und in einem Lageplan dokumentiert (Abb. 85 und 86). Dazu wurde eine Beobachtungsfläche in einem Hausgarten in Harenberg (Tabelle 3) hergestellt, die aus einer Rasenfläche mit Barriere und einer angrenzenden barrierelosen Rasenfläche bestand. Am 24.12.2016 wurde beobachtet, dass der Maulwurf drei Maulwurfshügel (gelb) abgelegt hatte, zwei Maulwurfshügel im Beetbereich neben der Beobachtungsfläche

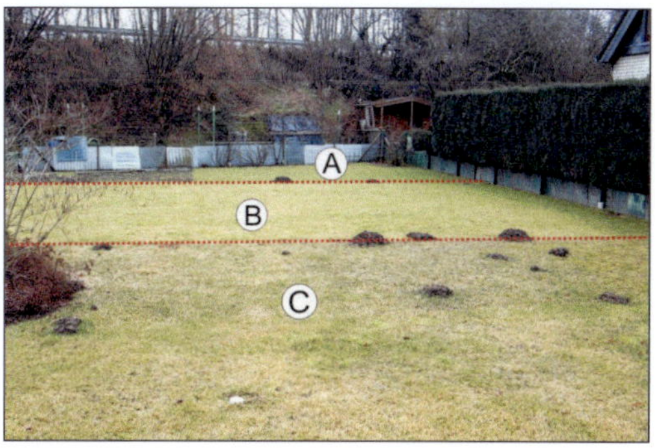

Abb. 81:
Unterwanderung der Barrierefläche B zum Ablegen von Maulwurfshügeln zwischen den Flächen entlang der Barrierekanten

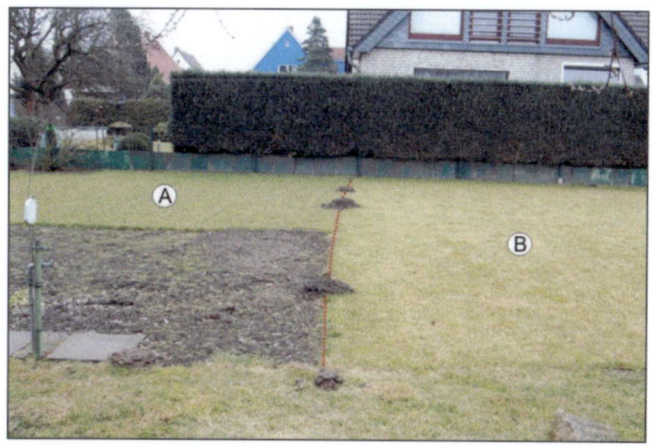

Abb. 83:
Lineares Ablegen der Maulwurfshügel zwischen den Barrieren entlang der Stoßkanten

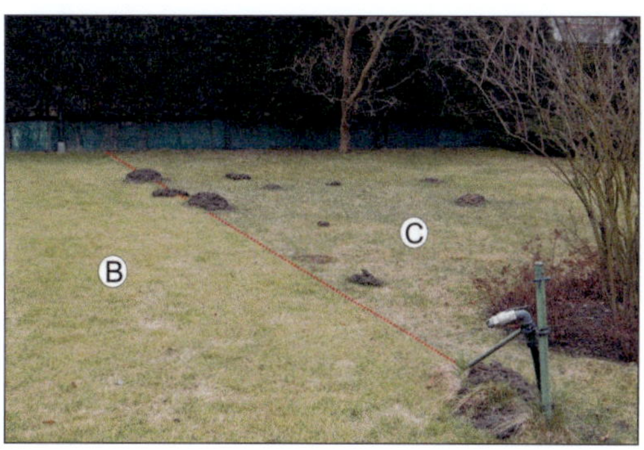

Abb. 82:
Maulwurfshügel in Fläche C (barrierelos), Ablagerung von drei Maulwurfshügeln direkt an der Kante im Übergangsbereich zu Fläche B (mit Barriere)

Abb. 84:
Maulwurfshügel am Rand der horizontalen Barriere im Übergangsbereich zur Beetfläche

und einen inmitten der Fläche mit Barriere (Abb. 85 und 86).

Die Untersuchung des Maulwurfshügels inmitten der Fläche ergab, dass die horizontale Barriere hier eine Beschädigung aufwies, die der Maulwurf zur Verfrachtung des Abraums an die Rasenoberfläche genutzt hatte.

Der Maulwurf war aus dem angrenzenden Acker in die Beetflächen unterhalb der Barriere in die Rasenfläche eingewandert. Von dort aus unterquerte er die Rasenfläche mit horizontaler Barriere bis zur gegenüberliegenden barrierelosen Rasenfläche. Es ist anzunehmen, dass er dazu bestehende Maulwurfsgänge nutzte.

Die Entfernung zwischen dem Zentrum der Versuchsfläche (Hügel gelb) und der Rasenfläche ohne Barriere beträgt bis zu 16 m. Vom Zentrum bis zum Beetbereich beträgt die Strecke 11 m. Das Bewegungsprofil und der Aktionsraum von rund 450 m² lassen den Schluss zu, dass der Maulwurf sein Revier unter der horizontalen Barriere weiterhin als Lebensraum nutzt und den Aufenthaltsbereich nicht verlagert hat. Die Zerstörung oberflächennaher Maulwurfsgänge durch eine tiefgründige Bodenbearbeitung veranlasst den Maulwurf nicht dazu, sein Revier zu verlassen. Es konnte in zwei Fällen beobachtet werden, dass der Maulwurf noch vor dem Verlegen des Fertigrasens, 14 bis 15 Stunden nach der Zerstörung der oberflächennahen Gänge, neue

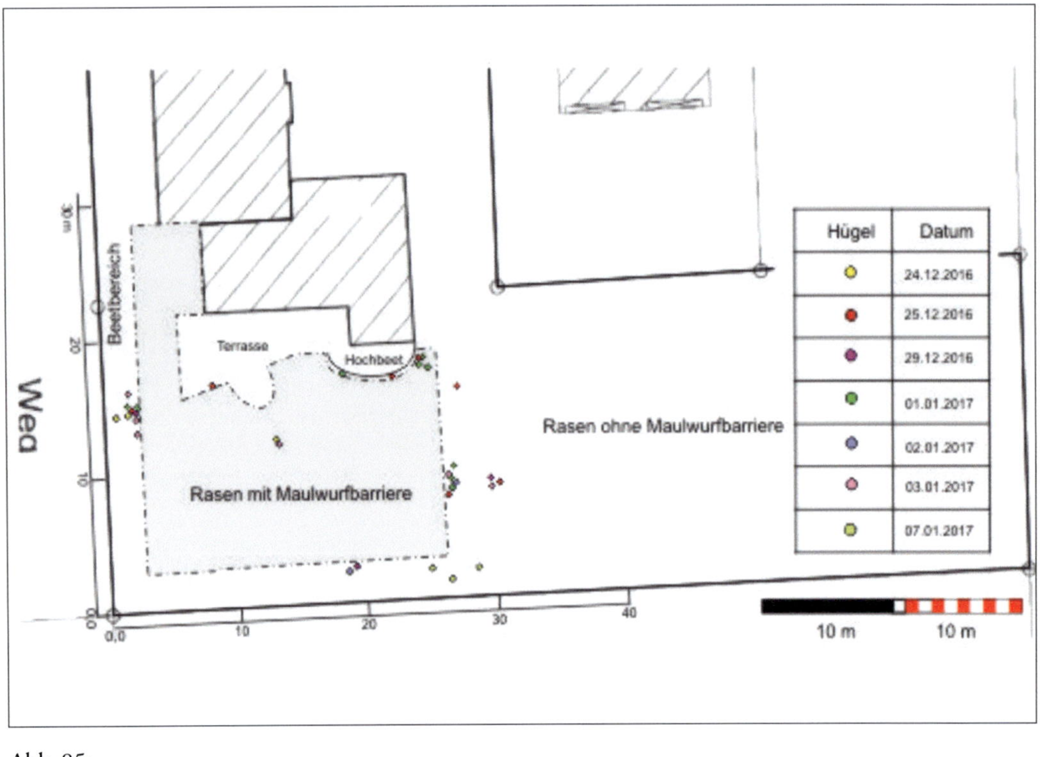

Abb. 85:
Dokumentation des Aktionsraums und der Ablagezeitpunkte der Maulwurfshügel in einem Zeitraum von 14 Tagen

Tunnel direkt unter der Barriere gegraben hatte. Dabei wurde die Barriere einschließlich des angedeckten Bodenmaterials durch den Maulwurf angehoben. Das Gangrelief zeichnete sich dabei deutlich an der Oberfläche des Bodens ab (Abb. 87). Die Beobachtungsergebnisse zeigen, dass der Maulwurf sich durch den Einbau der Barrieren nicht aus seinem Revier zurückzieht, sondern weiterhin in seinem Revier lebt und sowohl in Flächen mit als auch ohne Barriere aktiv ist.

Damit decken sich die Beobachtungen zur Wiederbesiedlung eines Standortes durch Maulwürfe nach Zerstörung ihrer Gänge mit den Ergebnissen, die Walter und Pelz (2006) bei ihren „Versuchen zum praxisgerechten Betrieb von Barrieresystemen zur Abwehr von Wühlmausschäden im ökologischen Weinbau" gewonnen haben.

Abb. 87:
Neuanlage eines Maulwurfgangs unterhalb der Barriere, 14 Std. nach Fertigstellung des Aufbaus

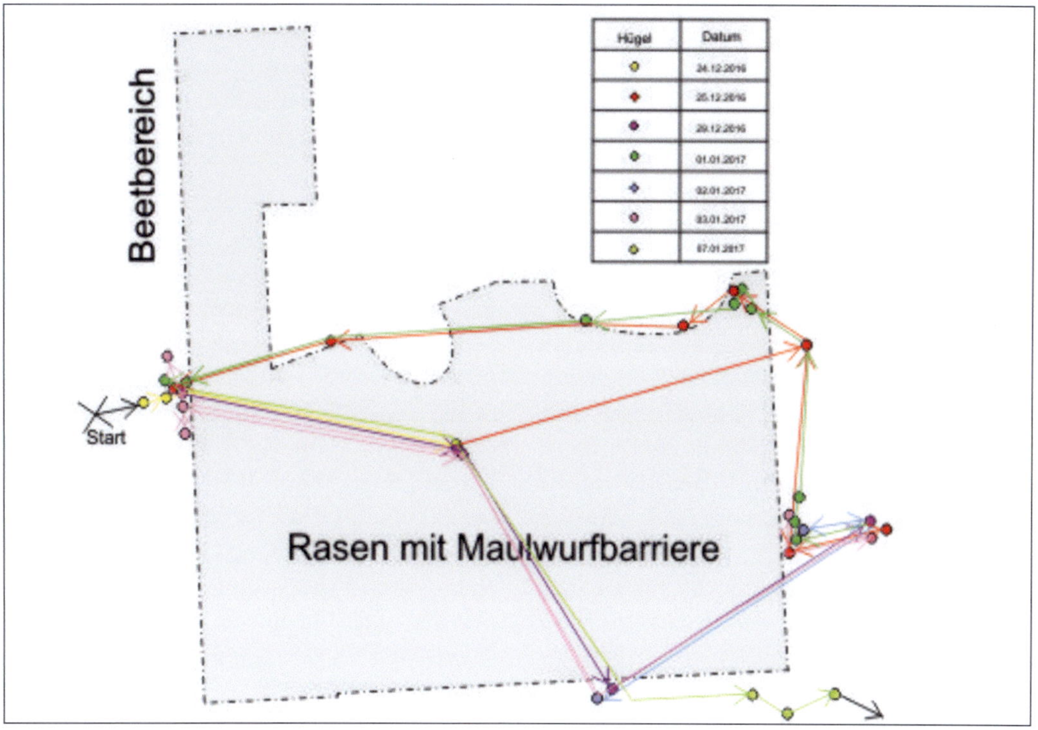

Abb. 86:
Bewegungsprofil des Maulwurfs zwischen den Flächen mit und ohne Barriere

Wirksame Aufbauhöhe der Barriere

Im Rahmen der Beobachtungen wurden weitere Erkenntnisse bezüglich der Aufbauhöhe oberhalb der horizontalen Barrieren gewonnen. Damit der Maulwurf seine Gänge nicht oberhalb der Barrieren gräbt, ist die Aufbauhöhe des Bodens über der Barriere von entscheidender Bedeutung.

Um sich ausreichend bedecken und oberhalb der Barriere fortbewegen zu können, braucht der Maulwurf aufgrund seines Körperdurchmessers von bis zu 5 cm, mindestens 5 cm bis 7 cm Bodenüberdeckung über der horizontalen Barriere. Die Beobachtungsflächen in überdeckter Bauweise wurden zum Teil mit 3 cm Oberboden oberhalb der Barriere angedeckt und mit Fertigrasen, der 1,5 cm dick geschält war, belegt oder mit 3 cm Boden überdeckt und angesät.

Im Ergebnis konnten während des gesamten Versuchszeitraums keine Aktivitäten des Maulwurfs oberhalb der Barriere festgestellt werden. Die Aufbauhöhe reicht dem Maulwurf nicht aus, um sich ausreichend mit Boden zu bedecken und sich bei seinen Gabaktivitäten sicher zu fühlen.

Diese Beobachtung wir durch die Ausführungen Wittes (1997) bestätigt, der beschreibt, dass sich der Maulwurf, um sich sicher zu fühlen und sich dem Sichtkontakt seiner Feinde zu entziehen, mit Boden bedeckt und sich schnell in den Boden einwühlt (Witte, 1997).

Um zu ermitteln, wie dick der Boden über der Barriere eingebaut werden darf damit der Maulwurf diese nicht durch das Graben von Tunneln überquert, wurden weiterführende Versuche durchgeführt, bei denen die Aufbaudicke des Bodens über der Barriere stufenweise in Zentimeterschritten (10 mm) von 3 cm auf 20cm erhöht wurde. Nachdem der Maulwurf in die Versuchsfläche vorgedrungen war, legte er seine Gänge zwischen der Barriere und der Rasennarbe in einer Tiefe von bis zu 10 cm an (Abb. 88). In Bereichen in denen die Überdeckung der horizontalen Barriere zwischen 3 cm und 5 cm betrug, konnten Grabungen bis zu Überdeckungshöhen von 5 cm festgestellt werden. Damit erfüllte die Barriere nicht ihren Zweck.

Um die Belastbarkeit des Ergebnisses zu erhöhen, wurde bei einer Rasenfläche die Barriere im Randbereich stellenweise bis zu 6,5 cm mit Boden überdeckt. In der restlichen Fläche betrug die Überdeckung der Barriere nur noch 4,5 cm. Der Maulwurf konnte seitlich in die Rasenfläche eindringen und bewegte sich solange in einem Tunnel oberhalb der Barriere, in diesem Fall etwa auf einer Länge von 50 cm, bis die Überdeckung der Barriere weniger als 5 cm betrug. Nach der Untersuchung wurde der unterwühlte Bereich neu planiert. Der Maulwurf wanderte wenige Tage später in der gleichen Art und Weise in die Rasenfläche ein (Abb. 89 bis 91 sowie Abb. 92 und 93).

Abb. 88:
Maulwurfsgang 11 cm über der Barriere, keine Barrierewirkung des Geotextils

Die Beobachtungen der Flächen mit unterschiedlichen Aufbaudicken oberhalb der Barriere haben ergeben, dass Rasennarben mit einer Aufbaudicke von mehr als 4,5 cm dem Maulwurf die Möglichkeit verschaffen, oberhalb der Barriere in den Rasenflächen vorzudringen und Schäden an der Rasennarbe zu verursachen.

Neben der Einbautiefe beeinflusst auch die Eigenschaft der Barriere das Verhalten des Maulwurfs. Die horizontalen Barrieren bieten kleinen Säugetieren wie Maulwürfen und Wühlmäusen Schutz gegenüber Feinden, behindern sie aber in ihrem Bestreben an die Erdoberfläche zu gelangen. Wie sie versuchen die Barriere zu überwinden, ist dabei sehr unterschiedlich. Der Maulwurf versucht nicht fest verwobene Fäden der Geogewebe zu zerreißen und zu verschieben. Um die Fäden der Gewebe zerreißen zu können, muss der Maulwurf diese zunächst freilegen, indem er sie direkt untergräbt, dabei reißen die Rasenwurzeln ab und geben die Gewebe frei.

Der Maulwurf verschiebt die einzelnen Fäden des Gewebes mit den Grabhänden und zerreißt sie mit den Krallen (Abb. 42 und 43). Es ist ihm möglich, die Öffnung größer auszuarbeiten. Damit verliert die Barriere ihre Funktion, der Maulwurf kann sie durchdringen oder den Abraum durch die vergrößerte Öffnung an die Rasenoberfläche befördern (Abb. 39). Bei Geweben, bei denen die Schnittpunkte der Fäden stabil, also nicht zu verschieben sind oder bei Geweben mit Maschenweiten unter 2 mm x 1 mm konnten Durchdringungen von Maulwürfen nicht festgestellt werden.

Wühlmäuse zernagen die Barriere hingegen und hinterlassen einen runden Ausschnitt wie die Abbildung 94 verdeutlicht. Ist dieser groß

Abb. 89:
Gangbereich, 50 cm lang, zwischen Barriere und Rasennarbe

Abb. 90:
Markierter Verlauf des Maulwurfsgangs zwischen Barriere und Rasennarbe

Abb. 91:
Gangverlauf in Richtung Rasenfläche, oberhalb der Barriere,

Abb. 92:
Vordringen des Maulwurfs aus dem Beetbereich in eine frisch eingesäte Rasenfläche oberhalb der Barriere

Abb. 93:
Auftragsdicke des Bodens über der Barriere: 5 cm

Abb. 94:
Wühlmausverbiss an einer horizontalen Barriere

genug, durchdringen sie das Geogewebe. Damit wird dieses auch für den Maulwurf durchlässig und verliert seine Barrierewirkung.

Die Beobachtungen der Versuchsflächen zeigten, dass der feinmaschige Barrieretyp mit der Maschenweite 0,8 mm x 0,8 mm in keinem Fall von Wühlmäusen durchnagt wurde, obwohl Wühlmauspopulationen in den angrenzenden Flächen festgestellt werden konnten. Ein Modellversuch sollte deshalb die Gründe dafür liefern. Der Versuch und die Ergebnisse werden im Kapitel 7.1 beschrieben.

Zusammenhänge zwischen dem Beuteverhalten des Maulwurfs, den Regenwürmern und den Barrieren wurden auf zwei Rasenflächen beobachtet, die in Sandwichbauweise hergestellt wurden und deren horizontale Barrieren für die Regenwürmer durchlässig waren. Hier kam es in Teilbereichen zu auffälligen, kleinflächigen Trockenschäden (Abb. 96 und 97). Es bestand der Verdacht, dass die Ursache der Trockenschäden auf Veränderungen des Bodens unterhalb der Barriere zurückzuführen ist. Deshalb wurden Rasennarbe und Barriere geöffnet und schrittweise untersucht. Es konnte festgestellt werden, dass der Boden unterhalb der Barriere flächig umgelagert bzw. verwühlt wurde (Abb. 99 und Abb. 100). Die Ursachen für die großflächigen Umlagerungen des Bodens unterhalb der Barriere resultieren aus der Standortsituation, dem verwendeten Barrierematerial und der Beregnung der Rasenfläche.

Durch die anhaltende Trockenheit im Frühjahr/Sommer 2013 war der Boden tiefgründig ausgetrocknet. Nach der Verlegung eines Fertigrasens oberhalb der Barriere wurde in den ersten vierzehn Tagen nach der Verlegung täglich intensiv beregnet. Anschließend wurde die Beregnung der Rasenflächen auf zwei Wassergaben pro Woche reduziert. Nach dem Umstellen des Beregnungsintervalls kam es dann zu der fleckigen Verfärbung des Fertigrasens. Bei der Untersuchung des Bodens unterhalb der Barriere wurden in dem sonst eher regenwurmreichen, humosen Lehmboden keine Regenwürmer gefunden.

Kontrollgrabungen ergaben, dass sich die Regenwürmer in Zonen unterhalb von 100 cm und tiefer zurückgezogen hatten. Der Fertigrasen enthielt zum Zeitpunkt der Verlegung viele Regenwürmer. Durch die intensive Beregnung des Fertigrasens in den ersten 14 Tagen reichte die Feuchtigkeit für die Regenwürmer in dieser Zone aus, um dort zu verweilen und sich nicht in die tieferen Bodenschichten zurückzuziehen. Auf der Jagd nach Beute bewegte sich der Maulwurf, durch die Barriere getrennt, unter den Regenwürmern, ohne diese erreichen zu können. Durch das Umlagern des Bodens versuchte er an die Beute zu gelangen (Abb. 100 und 101), dabei wurden die Rasenwurzeln direkt unter der Barriere abgerissen. Die Versorgung der Gräser konnte durch die zunächst intensive Beregnung aufrechterhalten werden. Nach dem Reduzieren der Wassergaben reichte die Wassermenge, angesichts des geringen Wurzelanteils, der geringen Aufbaudicke über der Barriere und Temperaturen von 27°C bis 32°C, zur Versorgung des Rasens nicht mehr aus. Diese Beobachtung wurde in dem Versuchszeitraum von neun Jahren zum selben Zeitpunkt einmalig an zwei Standorten festgestellt.

Sie zeigt, dass es durch den Einbau horizontaler Barrieren zu Wechselbeziehungen zwischen Maulwurf, Barriere und Bodenlebewesen kommen kann, die sich auch negativ auf die Rasenentwicklung auswirken können. Bei hinreichender Wasserversorgung sind die Gräser normalerweise in der Lage, Hohlräume wie zum Beispiel Maulwurfsgänge mit ihren Wurzeln zu durchwachsen (Abb. 95).

Der verbleibende Wurzelanteil der in Sandwichbauweise hergestellten Flächen reichte nicht aus, die Rasengräser hinreichend zu versorgen. Bei einer Aufbauhöhe der Rasennarbe von 3 cm bis 4,5 cm oberhalb der Barriere, verbleiben im Falle einer Verwühlung ausreichend Wurzeln, die die Versorgung der Gräser aufrechterhalten und sicherstellen.

Abb. 95:
In einen Hohlraum eingewachsene Rasenwurzeln bei hinreichender Wasserversorgung

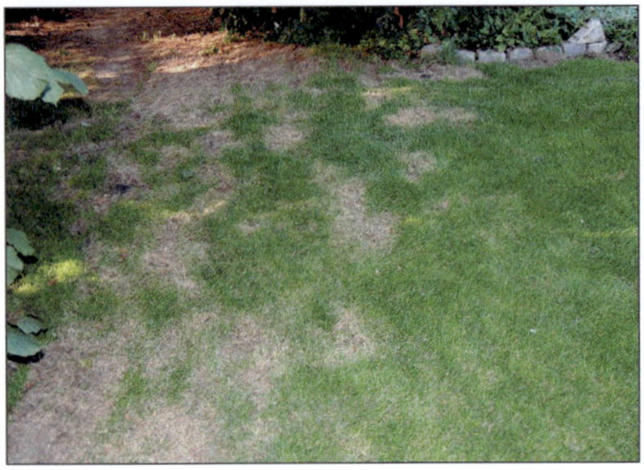

Abb. 96:
Trockenstellen im Fertigrasen am Standort Seelze

Abb. 97:
Trockenstellen im Fertigrasen am Standort Uetze

Abb. 98:
Unebene Rasenoberfläche an beiden Standorten

Abb. 99:
Untergrabene Barriere, sichtbarer Maulwurfgang

Abb. 100:
Maulwurfgänge unterhalb der Barriere in Seelze und Uetze

Abb. 101:
Vollflächig verwühlter, umgelagerter Boden mit Gängen an beiden Standorten

6.5 Auswirkungen auf die Nutzungssicherheit von Rasenflächen

Beobachtungen der Rasenflächen haben gezeigt, dass der Einbau horizontaler Barrieren die Nutzungssicherheit verbessert. Durch die Eigenschaft brüchige Maulwurfsgänge zu überspannen und damit ein plötzliches Einsacken in diese zu verhindern, tragen Barrieren zur Verbesserung der Nutzungssicherheit bei. Ebenso konnte durch Beobachtung festgestellt werden, dass die Ebenheit der Rasenflächen mit Barriere erhalten bleibt und Stolperfallen vermieden werden. Die Beobachtungen zeigten aber auch, dass bei unterschiedlichen Nutzungen der Gebrauchsrasenflächen Auswirkungen von den horizontalen Barrieren ausgehen können, welche die Nutzungssicherheit herabsetzen.

Werden die Rasen als Sportrasen genutzt, ist die Rasennarbe vor allem in den Hauptaktionsbereichen, wie zum Beispiel vor und in den Torräumen hohen Trittbelastungen ausgesetzt. Die Zerstörung der Rasennarbe ist in diesen Bereichen die Folge. Zudem ist hier eine ständige Veränderung der Ebenheit durch die Verlagerung des Bodens zu beobachten (Abb. 102). Durch die Bodenverlagerung kommt es zu einem Freiliegen der Barriere, wenn diese 45 mm tief verbaut wurde. Damit steigt die Verletzungsgefahr für die Nutzer (Abb. 103 und 104).

In den Hauptaktionsbereichen eines Rasenspielfeldes sind deshalb andere Einbautiefen zu wählen, um die Nutzungssicherheit der Spieler nicht zu gefährden. Kombinierte Einbaumöglichkeiten mit unterschiedlichen Einbautiefen sind denkbar und werden in Kapitel 9 dargestellt.

Es ist bedingt durch den tieferen Einbau der Barrieren in den Hauptaktionsräumen nicht auszuschließen, dass der Maulwurf oberirdisch in diese einwandert, jedoch ist das Nutzungsrisiko für die Spieler bei freiliegenden Barrieren höher zu bewerten, so dass hier ein Abwägungsprozess stattfinden muss. Es zeigt sich, dass die Auswirkungen der Barrieren auf die Nutzungssicherheit eng mit der Einbautiefe und mit der Einbauweise der Barrieren verknüpft sind. Um ein Freispielen der Barrieren zu vermeiden, sollten horizontale Barrieren auf Sportrasenfeldern in den Hauptaktionsbereichen 120 mm tief verbaut werden (vgl. Kap. 9).

Um die Nutzungssicherheit der horizontalen Barrieren auch im freigespielten Zustand nicht zusätzlich herabzusetzen, müssen die einzelnen Bahnen der Barrieren lückenlos miteinander vernäht oder verbunden werden.

Beobachtungen haben gezeigt, dass freigespielte, nicht verbundene Barrieren Stolperfallen bilden. Damit würden die Barrieren sich negativ auf die Nutzungssicherheit von Sportrasenflächen auswirken.

Feinmaschige, freigespielte Barrieren mit einer Maschenweite von bis zu 2 mm können beim Belaufen mit Stollenschuhen Stürze herbeiführen, weil die Barrieren wie eine Gleitschicht wirken und der Nutzer darauf ausrutschen kann.

Sind in den Rasenflächen Barrieren der Nutzung entsprechend richtig verbaut, erhöht das die Nutzungssicherheit. Brüchige oder eingebrochene Gangabschnitte, für die Nutzer nicht oder nur schwer wahrnehmbar sind, werden durch die horizontalen Barrieren überspannt und ein plötzliches Einsacken beim Betreten somit verhindert.

Der Einbau horizontaler Barrieren führt zu ebeneren und standfesteren Rasenflächen, Unebenheiten auf Rasenflächen werden vermieden, die Flächen sind dadurch sicherer zu begehen oder zu belaufen.

Abb. 102:
Aktionsschwerpunkt Torraum, mit freigespielter horizontaler Barriere (Foto: Labenda, 2016)

Abb. 103:
Bodenabtrag in Aktionsräumen, freigespielte horizontale Barriere (Foto: Labenda, 2016)

Abb. 104:
Verletzungsgefahr durch freigespielte, horizontale Barriere im Torraum (Foto: Labenda, 2016)

6.6 Auswirkungen auf die Pflege und Instandhaltung von Rasenflächen

Um die Pflege und Instandhaltung von Rasenflächen effizienter zu gestalten, ist das Einsparen von Arbeitsleistungen ein mögliches Ziel, die Kosten zu senken. Zusätzlich anfallende Arbeitsleistungen, wie z.B. das Entfernen von Maulwurfshügeln, stehen diesem Ziel entgegen. Es wurde deshalb untersucht, wie sich der Verbau horizontaler Barrieren auf die Pflege und Instandhaltung von Rasenflächen auswirkt.

Einsparungen durch den Wegfall von Maßnahmen.

Durch den Einbau horizontaler Barrieren werden Abraumverfrachtungen an die Rasenoberfläche verhindert, so dass die Ablage von Maulwurfshügeln in den Rasenflächen nicht mehr stattfinden kann. Dadurch entfällt vor dem Mähen die arbeitsintensive Beseitigung der Maulwurfshügel. Der Maschinenverschleiß verringert sich ebenso wie Sanierungsmaßnahmen zum Erhalt der Ebenheit und zusätzliche Maßnahmen zur Entfernung der Beikräuter.
Die Einsparung von Arbeitszeit lässt sich im Umkehrschluss aus Tabelle 2 errechnen. Demnach liegt der ökonomische Vorteil bei einer Arbeitszeitersparnis von 2 Minuten und 9 Sekunden pro nicht sorgfältig zu entfernendem Maulwurfshügel.

Erhalten einer konstanten Aufbaudicke oberhalb der Barriere

Im Rahmen der Rasenpflege und Instandhaltung kann es in Abhängigkeit von der Art des Rasenschnitts zur Ablagerung organischen Materials auf der Rasenfläche kommen. Bei der Mulchmahd werden die geschnittenen Rasengräser in feinste Partikel geschnitten und fallen in die Rasennarbe zurück, wo sie

im Normalfall durch die Bodenlebewesen und hier hauptsächlich durch Regenwürmer unter die Barriere gezogen, zersetzt und mineralisiert werden. Durch die Umsetzung des organischen Materials nimmt die Bodenauflage oberhalb der Barriere nicht zu.
Gelangen die Regenwürmer nicht an den Rasenschnitt und können sie diesen nicht unterhalb der Barriere zersetzen und mineralisieren, baut sich der Rasen oberhalb der Barriere infolge der Bildung von Rasenfilz langfristig auf und die Aufbaudicke steigt damit an. Das führt dazu, dass sich der Maulwurf bei Aufbaudicken über 5 cm oberhalb der Barriere fortbewegen kann.
Das Mähen und Auffangen des Schnittgutes sowie das Beseitigen des Rasenfilzes sind deshalb unverzichtbare Maßnahmen, die Zunahme der Aufbauhöhe über der horizontalen Barriere zu verzögern und die Funktion damit zu erhalten. Damit wirkt sich die Art des Rasenschnitts auf die Pflege und Instandhaltungsmaßnahmen aus, die dadurch aufwändiger werden, weil durch das Auffangen, Abfahren und Entsorgen des Schnittgutes ein größerer Arbeitsaufwand entsteht als bei einer Mulchmahd.
Sind die horizontalen Barrieren undurchlässig gegenüber Rasenschädlingen, können durch die Barrieren Rasenschäden infolge Wurzelfraßes vermieden werden. Kosten für die Bekämpfung von Rasenschädlingen und die Sanierung der Schadstellen im Rahmen der Rasenpflege- und Instandhaltung entfallen.

Gefahr der Beschädigung durch Aerifizieren und Drainieren –Abstimmen von Pflegegängen

Grundsätzlich muss vor dem Einbau horizontaler Barrieren auf Rasenflächen die zu erwartende Art der Rasenpflege- und Instandhaltung beachtet werden. Eine geplante Pflege- und Instandhaltung der Rasenflächen, die neben dem Mähen auch Belüftungsmaßnahmen beinhaltet, schließt die Verwendung einer horizontalen Barriere unter Umständen aus. Beim Belüften (Aerifizieren) wird der Rasen durch Hohlzinken (Hohlspoons) mit Durchmessern von bis zu 22 mm, in Tiefen bis zu 80 mm und tiefer ausgestochen. Die Anzahl der Löcher pro Quadratmeter beträgt hierbei je nach Zinkendurchmesser bis zu 400 Stück/m². Die Barriere wird von den Zinken durchstoßen, beschädigt, durchlässig und wirkungslos. Mit der Verlegung der Barriere außerhalb der Bearbeitungstiefe der Belüftungswerkzeuge, tiefer als 5 cm, ist ebenfalls ein Funktionsverlust verbunden (vgl. Kap. 6.4). Auch bei der Verwendung von Vollzinken zur Tiefenlockerung, bei der je nach Zinkendurchmesser 80 bis 100 Löcher/m² produziert werden, kommt es zwangsläufig zu einer Beschädigung der Barriere. Beim Eindringen in den Boden verdrängen die Zinken den Boden und perforieren die Barriere, indem deren Fäden, je nach Webart und Beschaffenheit, seitlich verschoben werden. Geogitter, bei denen die Kreuzungspunkte unbeweglich sind, werden durch die eindringenden Vollzinken ebenfalls zerstört, indem die Gitterstruktur zerreißt.
Das Drainieren mit zum Beispiel Schlitzdrainagen ist in Rasenflächen mit horizontaler Barriere nicht möglich, da die Arbeitstiefe der Drainagegeräte bis zu 17 cm beträgt und Schlitze im Boden erzeugt werden, durch welche die Barriere zerschnitten und wirkungslos wird.
Durch den Einbau horizontaler Barrieren in Rasenflächen werden Pflege- und Instandsetzungsmaßnahmen, die ohne horizontale Barrieren notwendig wären, vermieden.

7 Modellversuche

7.1 Modellversuch zur Widerstandsfähigkeit von Barrierematerialien gegenüber Ratten und Wühlmäusen

Die Beobachtungen auf den Freilandflächen haben gezeigt, dass Wühlmäuse in der Lage sind, horizontale Barrieren zu zernagen (Abb. 36 und 44) und damit Öffnungen schaffen, durch die der Maulwurf den Abraum an die Rasenoberfläche verfrachten und dort als Maulwurfshügel ablegen kann. Es wurde aber auch beobachtet, dass Geogewebe mit einer Maschenweite von 0,8 mm x 0,8 mm nicht zernagt und durchdrungen wurden obwohl in unmittelbarer Nähe zu den Beobachtungsflächen Wühlmausvorkommen festgestellt werden konnten.
Dieser Sachverhalt wurde Untersucht. Durch die Untersuchungen sollten Antworten gegeben werden, bis zu welcher maximalen Maschenweite Geogewebe Nagetieren standhalten und welche Eigenschaften eine Barriere haben muss, damit diese nicht zernagt und anschließend durchdrungen wird. Dazu wurde der Lebensraum von Nagern unter Laborbedingungen nachgebildet und zeitweise durch Barrieren unterschiedlichen Materials und Maschenweiten in zwei Bereiche getrennt (Abb. 105). Die Trennung der Bereiche erfolgte durch Geogewebe in einem Spektrum von 0,8 mm x 0,8 mm bis 8,0 mm x 8,0 mm. Da davon auszugehen war, dass die Tiere ihren gesamten Lebensraum nutzen, bestand die Annahme, dass sie versuchen, die Barriere zu durchdringen. Damit wurden Hinweise darauf erwartet, welche Kunststoffbarrieren von Ratten und Wühlmäusen zernagt werden können und welche Eigenschaften für ein Durchdringen der Barriere ausschlaggebend sind.

Versuchsaufbau Nagerbox

Für den Versuch wurde eine Nagerbox aus Holz in den Maßen 90 cm x 37 cm x 31 cm (L/B/H), die durch eine Trennwand in zwei Kammern der Größe 37 cm x 60 cm x 31 cm (L/B/H) und 37 cm x 24 cm x 31 cm (L/B/H) geteilt wurde, hergestellt.
In Kammer A befanden sich der Nestbereich und die Kleintiertränke, in Kammer B befand sich der Futterbereich. Beide Kammern wurden durch eine runde Zugangsöffnung in der Trennwand (Durchmesser 70 mm) miteinander verbunden und waren außerhalb des Versuchs jederzeit zu nutzen (Abb. 105 und 106).

Auf die Trennwand wurde eine Holzplatte ebenfalls mit einer, im Durchmesser 70 mm runden Öffnung als Klemmplatte deckungsgleich aufgeschraubt. Dazwischen befand sich während des Versuchs die Materialprobe des zu untersuchenden Geogewebes. Durch das Einsetzen der Materialprobe wurden die beiden Bereiche (A und B) voneinander getrennt.
Während des Einsetzens der Materialprobe schirmte ein Holzschieber die Öffnung ab und gab diese erst nach Einsetzen der Materialprobe durch das Hochziehen des Schiebers wieder frei. Um zwischen Kammer A und Kammer B zu wechseln, musste das Versuchstier die Materialprobe durchdringen. Gegenüber der Zugangsöffnung wurde während des Versuchs eine Action-Minikamera (b) installiert, um die Durchdringungsversuche der Nager filmen und anschließend auswerten zu können (Abb. 106 bis 108). Zur Ausleuchtung der Versuchsanlage während der Filmaufnahmen kamen 2 Halogenstrahler mit je 35 Watt auf Stativ zum Einsatz.

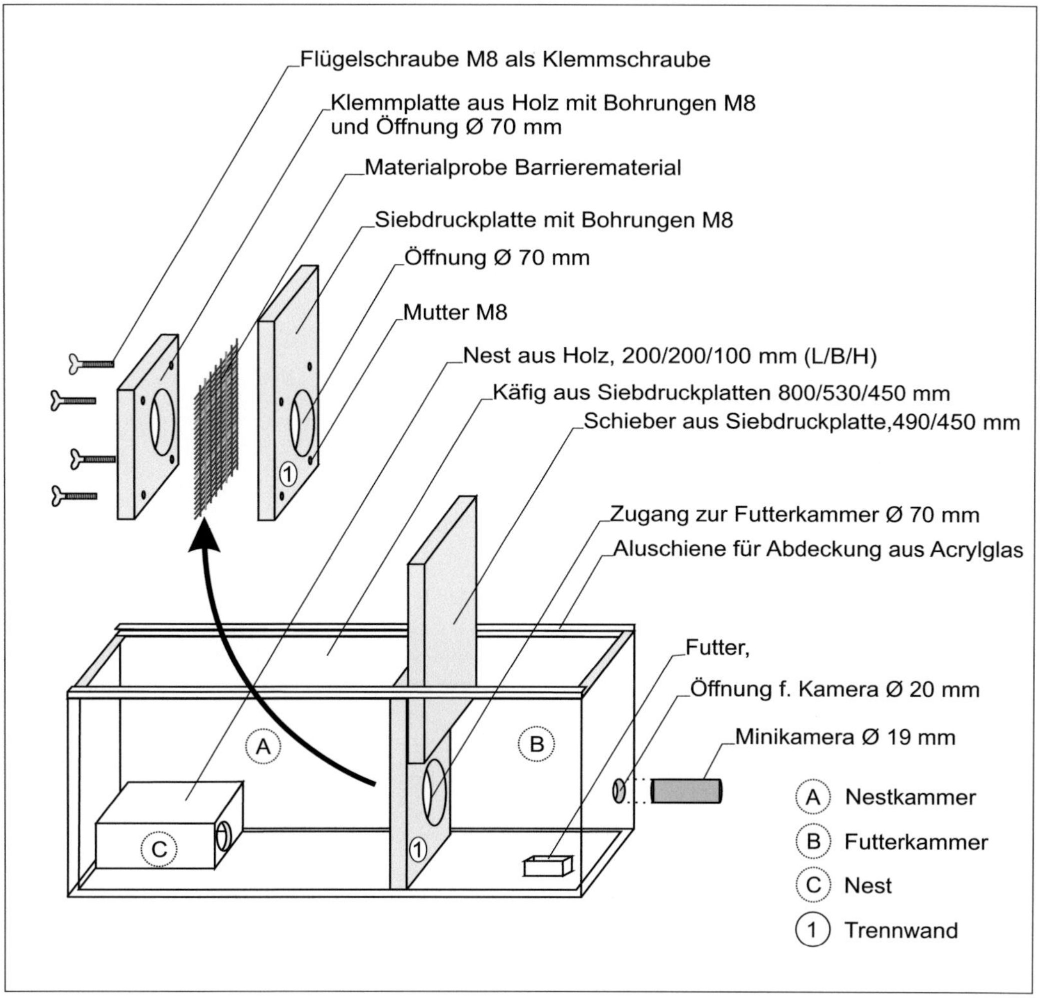

Abb. 105:
Aufbau der Nagerbox

Da bekannt ist, dass es kaum Kunststoffmaterialien gibt, die Ratten nicht zernagen können, wurde für die Versuche eine Farbratte (Rattus norvegicus forma domestica) eingesetzt. Diese Rattenart ist durch Zucht angepasst worden und kann als Haustier gehalten werden. Ursprünglich stammt diese Rattenart von der Wanderratte (Rattus norvegicus) ab (Niethammer et al., 1982). Nachfolgend wird die Farbratte als Ratte bezeichnet. Weitere vergleichende Versuche wurden mit dem Steppenlemming (Lagurus lagurus) durchgeführt, der zu der Ordnung der Nagetiere (Rodentia), zur Familie der Wühler (Cricetidae) und Unterfamilie der Wühlmäuse (Arvicolinae) gehört. Steppenlemminge (nachfolgend Lemming genannt) ähneln den heimischen Wühlmäusen und lassen sich ebenfalls als Haustier halten (Wilde, 2008).

Die Tiere wurden aufeinander folgend, während des gesamten Versuchszeitraums in der Nagerbox gehalten. Dabei entsprachen die Haltungsbedingungen den Ausführungen des Merkblatts der Gesellschaft für Versuchstierkunde zur tiergerechten Haltung von Laborratten (Busch et al., 2017). Den Tieren standen zu jeder Zeit ausreichend frisches Wasser und Futter zur Verfügung. Die Motivation, in die Futterkammer vorzudringen, wurde nicht durch vorherigen Futterentzug, sondern durch zusätzlich deponiertes Hundetrockenfutter erzeugt. Für beide Versuche wurden jeweils die gleichen horizontalen Barrieren verwendet.

Abb. 107:
Zugang zur Futterkammer (a) mit Klemmplatte aus Holz und eingeklemmter durchnagter Barriere

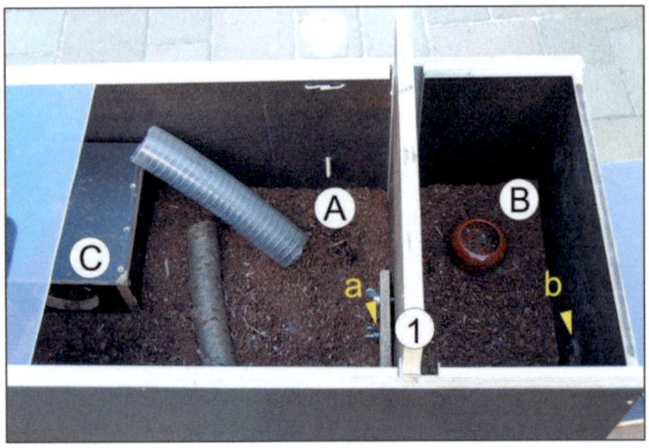

Abb. 106:
Aufbau der Nagerbox Nestkammer (A), Futterkammer (B) mit dazwischenliegender Trennwand (1)
Nest (C),
Zugang zum Futterbereich (a),
Kameraöffnung (b)

Abb. 108:
Öffnung für die Minikamera (b) gegenüber des Zugangs zur Futterkammer (a)

Technische Daten Minikamera:
Auflösung: 736 x 480, Betriebssysteme: Windows 98, Me, -XP. -2000,- Vista, 7 / Apple: Mac- One Touch Anwendung: ON-OFF/REC- Gewicht: 22 g- Speicher: 4 GB eingebaut - Laufzeit: 1,5-2 Stunden - Maße: ⊠ 19 mm x 68 mm Länge)

Eigenschaften Materialproben						
Probenbezeichnung	R1 L1	R2 L2	R3 L3	R4 L$	R5 L5	R6 L6
Material:	Papier	PEHD	PE	PE	PE	PE
Maschenweite in mm:	0,0	8,0 x 8,0	4,5 x 4,5	1,1 x 1,7	5,0 x5,0	0,8 x 0,8
Maschen fest:	nein	ja	ja	ja	ja	ja
Garndicke in mm: Kette: Schuss:	 0,0 0,0	 2,0 2,0	 1,2 1,2	 0,43 0,43	 1,0 1,0	 0,43 0,43
Flächengewicht in g/m²	80	445	88	200	127	185
Fäden/100 mm x 100 mm Kette: Schuss:	 0 0	 11 11	 19 19	 72 52	 19 17	 80 60
Extrudiert:	nein	ja	nein	nein	nein	nein

Tabelle 6:
Eigenschaften der Materialproben, Versuchsdurchführung mit Ratte (R) und Lemming (L)

7.1.1 Versuchsdurchführung mit der Ratte

In den ersten 5 Tagen nach dem Einsetzen der Ratte in die Versuchsanlage wurden die beiden Kammern nicht voneinander getrennt. Der Ratte stand im Bereich B Futter zur Verfügung. Sie konnte ungehindert zwischen den Bereichen A und B wechseln.
Nach 7 Tagen wurden die Kammern A und B durch eine Barriere aus Papier voneinander getrennt, um das Tier darauf zu konditionieren, dass das Futter nur erreichbar ist, wenn die Barriere durchdrungen wird. Nachdem das Tier die Papierbarriere mehrfach in kürzester Zeit erfolgreich durchdrungen hatte, wurde der Versuch mit Materialproben von Geogeweben durchgeführt. Eingesetzt wurden Gewebe mit den Maschenweiten 0,8 mm x 0,8 mm bis 8,0 mm x 8,0 mm (Tabelle 6).
Der Versuch wurde für jede Materialprobe dreimal wiederholt (Abb. 116 bis 121). Nach Freigabe des Zugangs zur Futterkammer (B) durch Hochziehen des Schiebers, startete die Filmaufnahme und damit auch die Zeiterfassung. Zu dem Zeitpunkt, an dem die Ratte die Materialprobe mit dem Kopf durchdrungen hatte oder sich von der Barriere abwendete, endete die Filmaufnahme und damit auch die Zeiterfassung. Nach Freigabe der Materialproben durch das Hochziehen des Schiebers wurden diese von der Ratte zunächst durch Bewinden (Riechen) überprüft (Abb. 109), um sie nachfolgend mit den

Vorderpfoten abzutasten, zu untersuchen und an den Materialproben zu kratzen (Abb. 110). Dem Kratzen folgte dann der Einsatz der Schneidezähne (Abb.111 bis 114). Im ersten Versuch, bei dem die Öffnung mit Papier versperrt war, riss die Ratte zunächst nur ein kleines Stück heraus. Anschließend nagte sie das Papier systematisch mit den Zähnen aus (Abb. 116) und durchdrang somit die Barriere. Dieses Vorgehen wiederholte sich auch in den folgenden Versuchen mit den unterschiedlichen Materialproben (Abb. 117 bis 121).

Ergebnisse:

Der Ratte gelang es, die Geogewebe und Gitter mit Maschenweiten von 1,1 mm x 1,7 mm bis 8 mm x 8 mm zu zernagen. Der gemessene Zeitaufwand bis zum Durchdringen lag zwischen ca. 2 Minuten und knapp 8 Minuten (Tabelle 7), wobei keine eindeutige Relation zwischen der Maschengröße und der aufgewendeten Zeit hergestellt werden kann. Doch unabhängig, aus welchem Material die Barrieren bestanden, waren sie für die Ratte mit einer Ausnahme zu durchdringen.
Bei einer Maschenweite von 0,8 mm x 0,8 mm

Abb. 109:
Prüfen der Barriere durch Bewinden/ Riechen

Abb. 111:
Durchdringen des Gewebes mit den Schneidezähnen.

Abb. 110:
Prüfen der Barriere mit den Pfoten und kratzen an der Materialprobe

Abb. 112:
Beständiges Zernagen der Materialprobe und vergrößern der Öffnung

(Probe R2, Abb. 117) gelang es der Ratte nicht, die Barriere zu zernagen und zu durchdringen. Während sie sich beim ersten Durchgang fast 2 Stunden bemühte, gab sie bei den nachfolgenden Durchgängen schneller auf, beim zweiten Mal nach 26 Minuten und beim dritten Mal nach 40 Minuten.

Die Auswertungen der Filmaufnahmen ergaben, dass die Eigenschaft der Barriere mit einer Maschenweite von 0,8 mm x 0,8 mm dafür ausschlaggebend ist, die Ratte am Durchdringen zu hindern. Die Ratte konnte weder durch Kratzen noch durch den Einsatz der Frontzähne in die feinen, stabilen Maschen des Gewebes eindringen. Die Zähne glitten auf dem Gewebe ab.

Die Filmaufzeichnungen zeigen eindrucksvoll, wie die Ratte bei den Geweben größerer Maschenweite vorgeht und es schafft, mit den Frontzähnen in die Maschen einzudringen und die einzelnen Fäden durch das Schließen des Kiefers zusammenzuziehen. Sie verschafft sich damit den benötigten Raum, um mit der Nagetätigkeit fortzufahren und die Fäden zu zerbeißen. Darauf folgt das systematische Zernagen der Barriere bis die Öffnung groß genug ist, um sie zu durchdringen.

Das Geogitter (Probe R6, Abb. 121) bot ebenfalls keinen hinreichenden Widerstand, die Ratte fand hierbei in den „Maschen" genug Raum, um die Stege des Gitters zu durchnagen (Tabelle 7).

Abb. 113:
Schließen des Kiefers und zusammenziehen der Fäden der Materialprobe

Abb. 114:
Systematisches Zerbeißen des Barrierematerials, vergrößern des Ausschnitts

Abb. 115:
Durchdrungene Materialprobe

Probe Nr.	Datum	Maschen-weite in mm	Beginn Uhrzeit h:min:s	Ende Uhrzeit h:min:s	Zeitauf-wand h:min:s.	Durch-dringung
R1	03.04.2016	keine	07:20:13	07:22:25	00:02:12	ja
R1	04.04.2016		07:12:25	07:15:10	00:02:45	ja
R1	04.04.2016		15:23:17	15:25:37	00:02:20	ja
R2	23.04.2016	0,8 x 0,8	13:30:21	15:21:07	01:50:46	nein
R2	04.05.2016		08.21:37.	08:47:51	00:26:14	nein
R2	26.05.2016		06:25:40	07:06:25	00:40:45	nein
R3	05.04.2016	1,1 x 1,7	17:08:52	17:13:06	00:04:14	ja
R3	09.04.2016		06:25:00	06:30:10	00:05:10	ja
R3	13.04.2016		06:54:05	06:58:28	00:04:23	ja
R4	05.04.2016	2,0 x 4,0	06:44:59	06:50:27	00:05:28	ja
R4	07.04.2016		07:05:02	07:10:49	00:05:47	ja
R4	26.05.2016		17:28:03	17:35:56	00:07:53	ja
R5	03.06.2016	5,0 x 5,0	08:32:06	08:36:02	00:03:56	ja
R5	03.06.2016		15:15:56	15:18:23	00.02:27	ja
R5	06.06.2016		17:34:20	17:37:05	00:02:45	ja
R6	29.04.2016	8,0 x 8,0	06:18:52	06:24:32	00:05:40	ja
R6	29.04.2016		16:12:00	16:18:14	00:06:14	ja
R6	31.04.2016		06:30:25	06:36:10	00:05:56	ja

Tabelle 7:
Protokoll/Zeiterfassung: Durchdringung der Materialproben (Ratte)

Abb. 116:
Probe R1
Material: Papier

Abb. 117:
Probe R2
Maschenweite: 0,8 mm x 0.8 mm

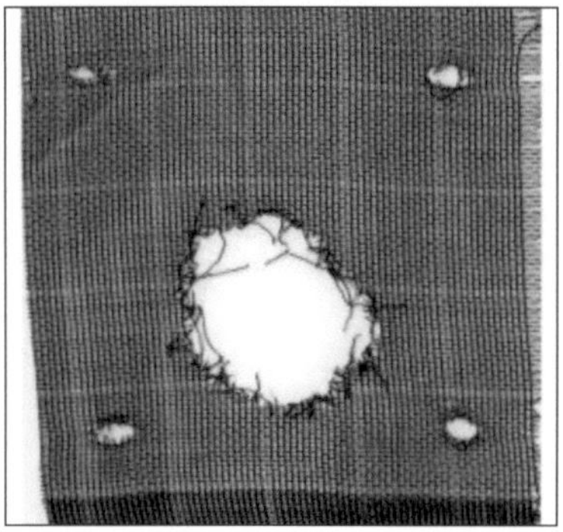

Abb. 118:
Probe R3
Maschenweite: 1,1 mm x 1,7 mm

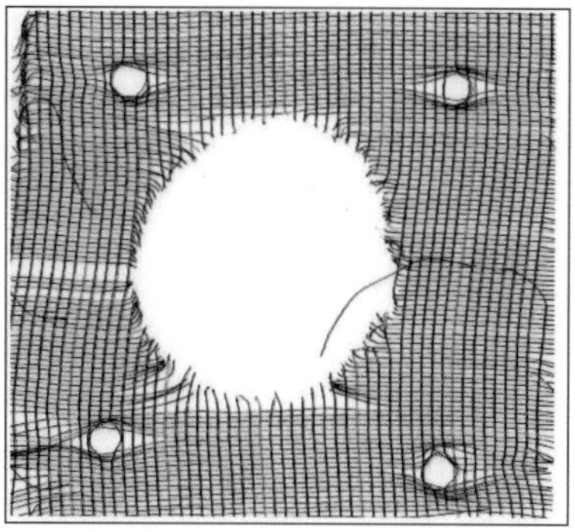

Abb. 119:
Probe R4
Maschenweite: 2,0 mm x 4,0 mm

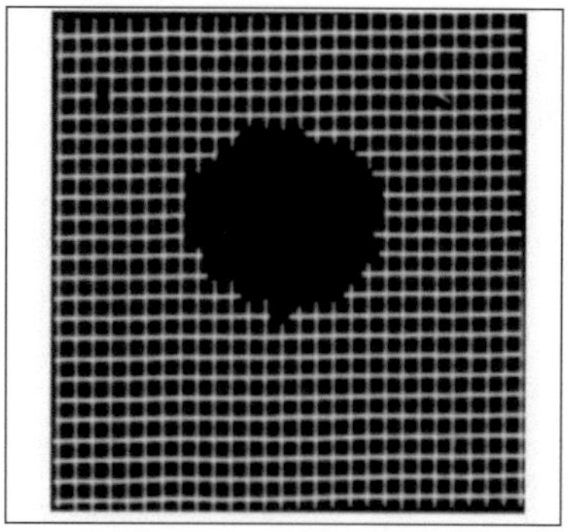

Abb. 120:
Probe R5
Maschenweite: 5,0 mm x 5,0 mm

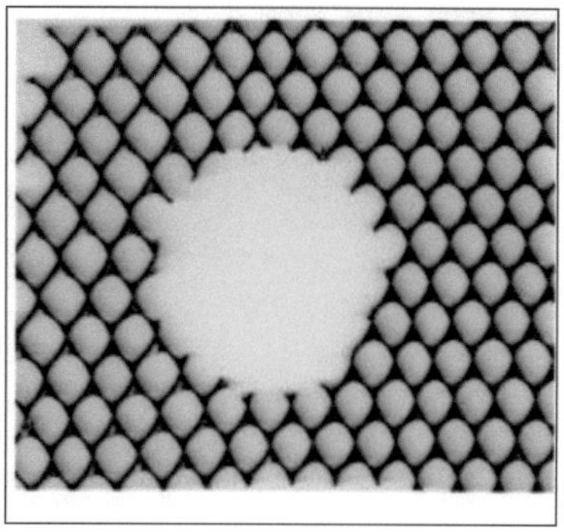

Abb. 121:
Probe R6
Maschenweite: 8,0 mm x 8,0 mm

7.1.2 Versuchsdurchführung mit Lemmingen

Der Versuch mit dem Lemming wurde in derselben Art und Weise wie der Versuch mit der Ratte durchgeführt. Aufgrund ihrer nahen Verwandtschaft zu Wühlmäusen sind diese Tiere geeignet, den Versuch mit der Ratte zu präzisieren.
Da Wühlmäuse kleinere Nagezähne als Ratten haben, sollte insbesondere untersucht werden, ob es dem Lemming gelingt, mit den kleineren Schneidezähnen in die feinmaschige Materialprobe mit einer Maschenweite von 0,8 mm x 0,8 mm einzudringen und das Gewebe zu zernagen. Auch bei diesem Versuch wurden die Zeitwerte dokumentiert (Tabelle 8).

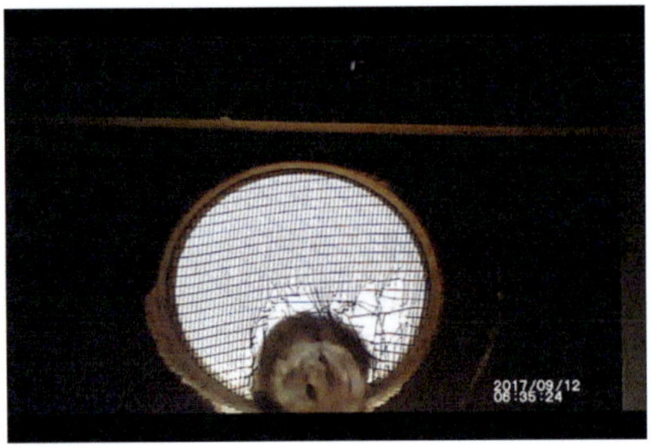

Abb. 122:
Lemming beim Durchdringen der Barriere (L3)
Material:PE
Maschenweite: 1,1 mm x 1,7 mm

Ergebnisse:
Die Materialproben aus Papier und auch die anderen Materialien stellten für den Lemming mit Ausnahme der Probe L2 (MW 0,8 mm x 0,8 mm) kein Hindernis dar (Abb. 123 bis 128). Der Zeitaufwand bis der Lemming die Barrieren durchdrang, lag zwischen 1,5 und ca. 8 Minuten (Tabelle 8). Probe L2 mit der Maschenweite 0,8 mm x 0,8 mm wurde intensiv mit den Zähnen bearbeitet, doch war es dem Tier nicht möglich, mit den Schneidezähnen in die Maschen einzudringen um diese zu zernagen (Abb. 124 und 130).
Mikroskopische Aufnahmen der Probe L2 (Abb. 129) zeigen die Nagespuren des Lemmings an der Oberfläche der Materialprobe, die von den Zähnen aufgeraut wurde.
Diese Nagespuren konnten bei den Proben R2, die durch die Ratte benagt wurden, nicht festgestellt werden, weil die Schneidezähne der Ratte größer sind als die des Lemmings und deshalb vermutlich auf der Oberfläche der Barriere abgleiten. Durch die kleineren Schneidezähne schaffte es der Lemming, auf der Oberfläche Bissspuren zu verursachen.

Probe Nr.	Datum	Maschen-weite in mm	Beginn Uhrzeit h:min:s	Ende Uhrzeit h:min:s	Zeitauf-wand min:s	Durch-dringung
L1	15.12.2016	keine	08:30:13	08.32:23	02:10	ja
L1	20.12.2016		08:01:25	08.03.00	01:35	ja
L1	21.12.2016		15:23:17	15:25:37	02:20	ja
L2	07.01.2016	0,8 x 0,8	13:30:21	15:21:07	50:46	nein
L2	09.01.2016		08.20:00.	08:46:14	26:14	nein
L2	15.01.2016		06:45:40	07:25:05	40:45	nein
L3	05.01.2016	1,1 x1,7	16:08:52	16:13:06	04:14	ja
L3	05.01.2016		07:30:00	07:35:10	05:10	ja
L3	05.01.2016		07:55:05	07:59:28	04:23	ja
L4	03.01.2016	2,0 x 4,0	06:50:59	06:54:27	05:28	ja
L4	04.01.2016		07:25:02	07:30:49	05:47	ja
L4	04.01.2016		16:38:03	16:45:56	07:53	ja
L5	02.02.2016	5,0 x 5,0	08:32:06	08:36:02	00:03:56	ja
L5	02.02.2016		15:15:56	15:18:23	00.02:27	ja
L5	02.02.2016		17:34:20	17:37:05	00:02:45	ja
L6	23.12.2016	8,0 x 8,0	08:38:52	08:44:32	00:05:40	ja
L6	25.12.2016		17:20:00	17:26:14	00:06:14	ja
L6	27.12.2016		07:25:25	07:31:10	00:05:56	ja

Tabelle 8:
Zeiterfassung für das Durchdringen der Materialproben durch den Lemming

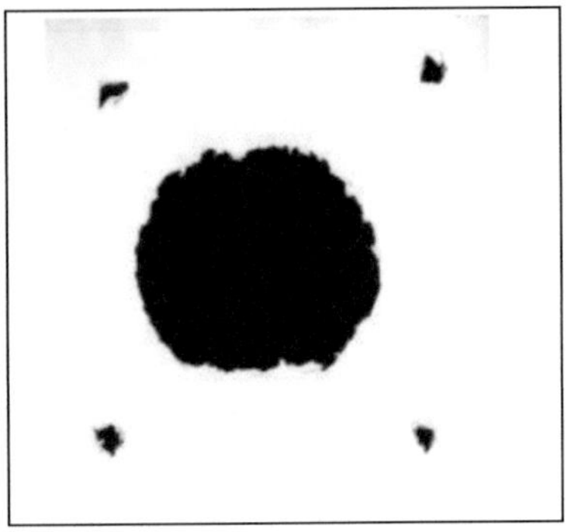

Abb. 123:
Probe L1
Material: Papier

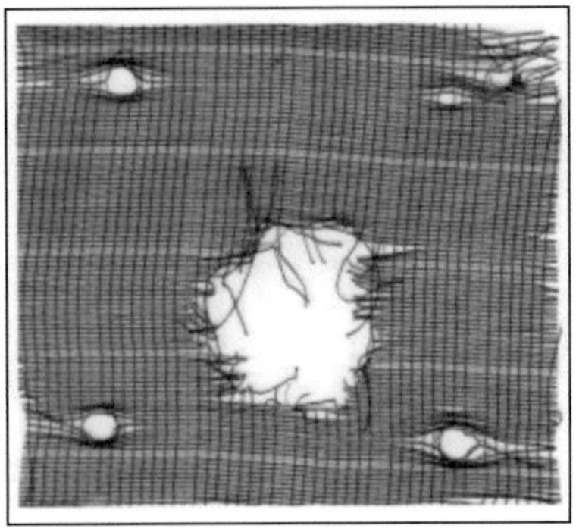

Abb. 126:
Probe L4,
Maschenweite: 2,0 mm x 4,0 mm

Abb. 124:
Probe L2
Maschenweite: 0,8 mm x 0,8 mm

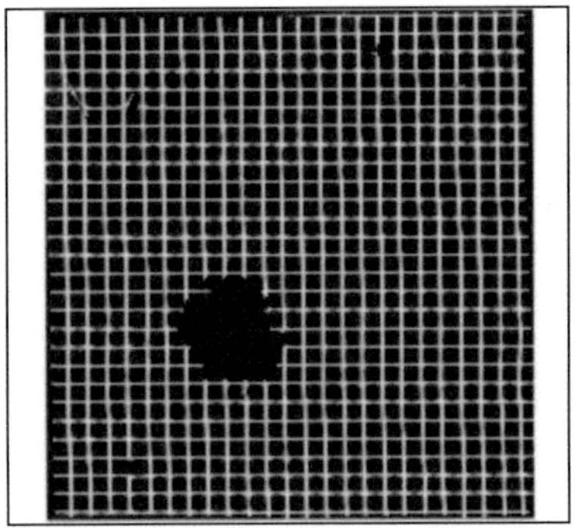

Abb. 127:
Probe L5
Maschenweite: 5,0 mm x 5,0 mm

Abb. 125:
Probe L3
Maschenweite: 1,1 mm x 1,7 mm

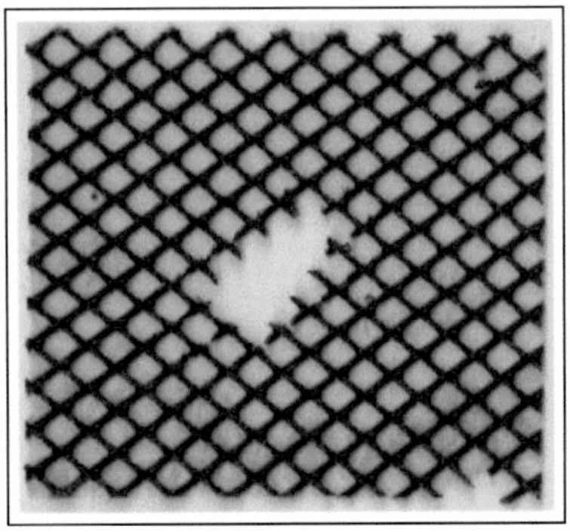

Abb. 128:
Probe L6
Maschenweite: 8,0 mm x 8,0 mm

Abb. 129:
Probe L2
unbenagte Barriere
35 fach vergrößert

Abb. 130:
Probe L2
benagte Barriere
110 fach vergrößert

7.1.3 Ergebnis der Untersuchungen

Die Versuche zeigen, dass horizontale Barrieren der Maschenweite 0,8 mm x 0,8 mm (R 2 und L2) weder von Ratten noch von Wühlmäusen zernagt werden und somit ihr Durchdringen verhindern. Sie zeigen auch, dass nicht die Materialdicke, sondern die Maschenweite und die Webart der Geogewebe ausschlaggebend dafür sind, ob eine Barriere zernagt werden kann.

Anhand der Aufzeichnungen während der Versuche lässt sich erstmalig die Vorgehensweise nachvollziehen, mit der die Nager die Geogewebe bearbeiten, um sie anschließend zernagen zu können. Dabei zeigte sich, dass sowohl die Ratte als auch der Lemming die Geogewebe zunächst mit den Schneidezähnen durchdringen muss, um im nächsten Schritt die Fäden zusammenzuziehen und bündeln zu können. Gelingt ihnen das Eindringen mit den Schneidezähnen nicht, wie bei der feinmaschigen Materialprobe R2, dann ist es ihnen nicht möglich, diese zu zernagen. Die Schneidezähne finden keinen Ansatzpunkt und gleiten über die dichte Oberfläche ab. Im Vergleich zur Ratte benötigte der Lemming jedoch weniger Zeit zum Durchdringen der Gewebe.

Die Ergebnisse dieses Modellversuchs geben somit die Erklärung dafür, dass trotz Wühlmausvorkommens in den Randbereichen der Beobachtungsflächen, keine Nagerschäden in den Bereichen mit horizontaler Barriere der Maschenweite 0,8 mm x 0,8 mm festgestellt werden konnten. Die Annahme, dass durch die geringe Maschenweite der Geogewebe ein Durchdringen der Nager verhindert wird, konnte damit bestätigt werden. Durch den Modellversuch konnten nicht nur Erkenntnisse hinsichtlich der Wirksamkeit horizontaler Barrieren gewonnen werden, sondern auch Erkenntnisse zu der Maschenweite, die erforderlich ist, um gegenüber Nagern hinreichend Widerstand zu leisten.

Der Modellversuch zeigt auch, dass der Zeitraum, den ein Tier braucht, um die Barrierematerialien zu durchdringen, nicht entscheidend für die Eignung eines Geogewebes als horizontale Barriere ist, da das Tier im Schutz des Gangsystems unterhalb der Barriere ausreichend Zeit hat, diese zu zernagen, ohne seinen Fressfeinden ausgesetzt zu sein. Befindet sich das Tier oberhalb der Barriere, ist die Zeit zum Durchdringen der Barriere jedoch ein überlebenswichtiger Faktor.

7.2 Modellversuch zur Durchlässigkeit horizontaler Barrieren gegenüber Regenwürmern

Die Durchlässigkeit einer Barriere für Regenwürmer hängt unter anderem von der Maschenweite des Geogewebes ab. Wie die Beobachtungen in den Freilandflächen gezeigt haben, sind Maschenweiten mit einer Größe von weniger als 1,0 mm x 3,0 mm nicht durchlässig für Regenwürmer, während Maschenweiten von mehr als 5,0 mm x 5,0 mm für Regenwürmer kein Hindernis darstellen.

Mit dem Versuch sollten Erkenntnisse über die Grenze der Durchlässigkeit in den feineren Maschenweitenbereichen zwischen 0,8 mm x 0,8 mm und 4,3 mm x 4,3 mm gewonnen werden. Da sich Regenwürmer strecken und ihren Körperdurchmesser- und Umfang verringern können, variiert die Grenze der Durchlässigkeit der Gewebe, und bewegt sich in einem Maschenweitenbereich von 2,0 mm x 2,0 mm.

Um den Versuch unter naturähnlichen Bedingungen durchzuführen und den Lebensraum der Regenwürmer zu simulieren, wurde eine Pflanzschale in unterster Lage mit wurmfreier, humoser Pflanzerde aufgefüllt, auf die dann ein Rahmen aufgelegt wurde, der während des Versuchsablaufs mit Barrierematerialien unterschiedlicher Maschenweite beschlagen wurde (Abb. 132 und 133).

Auf die Barrieren wurde feuchter Sand 0/2 in einer Schichtdicke von ca. 15 mm aufgetragen (Abb. 133).

Da in dem Sand ausgesetzte Regenwürmer keine Nahrung finden, bestand die Erwartung, dass die Regenwürmer in Richtung des humosen Bodens wandern und dabei die Barriere durchdringen.

Nach drei Tagen wurde durch separates Aussieben der Würmer aus der Sand- und Bodenschicht festgestellt, wie viele Würmer die Barriere durchwandert haben.

Aus den Auszählungsergebnissen sollten sich Erkenntnisse zur Durchlässigkeit der Barrieren für Regenwürmer in Abhängigkeit der Maschenweite und der Wurmgröße ableiten lassen. (vgl. Tabelle 9).

Versuchsaufbau

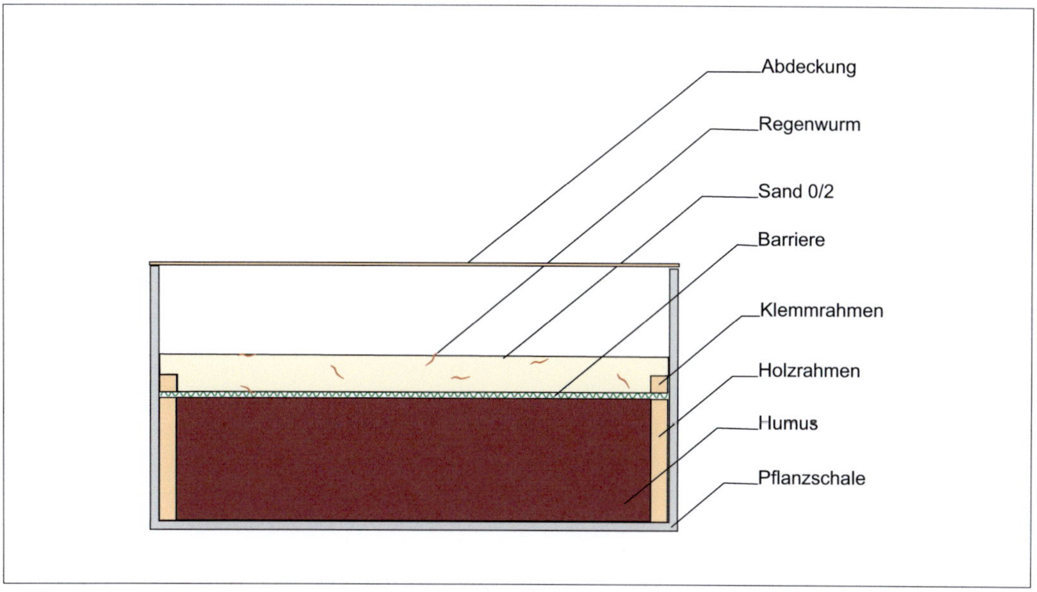

Abb. 131:
Versuchsaufbau für den Durchlässigkeitstest mit der Regenwurmbox

Abb. 132:
Gefäß mit Rahmen

Abb. 133:
Sandauftrag auf dem Monofilgewebe

Abb. 134:
Einsetzen der Regenwürmer

7.2.1 Versuchsdurchführung

Auf der Sandschicht wurden 25 Regenwürmer unterschiedlicher Größe ausgesetzt und die Box mit der Holzplatte abgedeckt. Nach 3 Tagen wurde die Abdeckplatte entfernt und der Sand gesiebt. Die in dem Sand befindlichen Regenwürmer wurden abgesammelt, gezählt und die Funde dokumentiert. Im Anschluss daran wurde die Pflanzerde gesiebt, die Regenwürmer wurden abgesammelt, gezählt und die Funde dokumentiert. Dieser Versuch wurde dreimal wiederholt (Tabelle 9). Die Auszählung ergab, dass Geogewebe der Maschenweiten von 0,8 mm x 0,8 mm für Regenwürmer jeder Größe undurchlässig sind. Einen Grenzbereich stellt das Geogewebe der Maschenweite 1,1 mm x 1,7 mm dar.

Bei dieser Maschenweite ist die Durchlässigkeit für Regenwürmer von deren Körperdurchmesser abhängig. Für Regenwürmer, mit einem Körperdurchmesser von mehr als 4,11 mm war dieses Gewebe nicht durchlässig. In einem weiterführenden Versuch sollten Erkenntnisse gewonnen werden, wie sich der Körper eines Regenwurms verändert, damit es ihm gelingt, sich durch Gittergrößen zu zwängen, die kleiner sind als sein Körperdurchmesser. Um die Größenverhältnisse von Maschenweite und der Körpergröße des Regenwurms besser darzustellen, wurden die Regenwürmer unter einem USB-Kamera-Mikroskop beim Durchdringen der Barrieren betrachtet.

Maschenweite in mm	0,8 x 0,8	1,1 x 1,7	1,8 x 4,3	2,7 x 2,8	4,3 x 4,3
Datum	14.06.2016-17.06.2016	18.06.2016-21.06.2016	25.06.2016-28.06.2016	03.07.2016-06.07.2016	09.07.2016-12.07.2016
Funde im Sand	25	6	0	0	0
Funde im Boden	0	19	25	25	25
Datum	13.07.2016-16-07-2016	18-07-2016-21-07-2016	21-07-2016-24-07-2016	25.07.2016-28.07.2016	01.08.2016-03.08.2016
Funde im Sand	25	5	0	0	0
Funde im Boden	0	20	25	25	25
Datum	07.08.2016-10.08.2016	10.08.2016-13.08.2016	15.08.2016-18.08.2016	20.08.2016-23.08.2016	23.08.2016-26.08.2016
Funde im Sand	25	7	1	0	0
Funde im Boden	0	18	24	25	25

Tabelle 9:
Durchlässigkeit der Barriere für Regenwürmer in Abhängigkeit von der Maschenweite

Dazu wurden die durchlässigen Geogewebe auf einen Röhrensockel unter das USB-Kamera-Mikroskop gelegt (Abb. 135). Auf die Gewebe wurden Regenwürmer mittlerer Größe mit einem Körperumfang von bis zu 10 mm und einem Durchmesser von bis zu 3,2 mm gelegt (Abb. 136 bis 139). Das Vermessen des Regenwurms hinsichtlich des Körperumfangs und der Länge ist hierbei problematisch, da sich diese Parameter durch die Fortbewegung des Tieres stark verändern. Ein zunächst dick erscheinender Regenwurm mit einem Körperumfang von ca. 10 mm (Durchmesser 3,2 mm) kann, wenn er sich streckt, den Körperumfang und Durchmesser stark reduzieren, während die Länge zunimmt. Die Aktivitäten der Regenwürmer wurden mit der in das Mikroskop integrierten Digitalkamera gefilmt und fotografiert.

Da die Regenwürmer eigenen Beobachtungen zufolge das Bestreben haben, sich der Gravitation folgend abwärts fortzubewegen, wurde erwartet, dass die Würmer versuchen, die Maschen der Barrieren in Richtung Boden zu durchdringen. Die Würmer wurden hinsichtlich ihres Durchmessers mit dem Kameramikroskop bei 20-facher Vergrößerung in einem Zustand vermessen, in dem sie sich noch nicht in Bewegung gesetzt hatten.

Versuchsdurchführung:

Die Regenwürmer begannen nach dem Auflegen auf das Geogewebe sofort, sich durch die Maschen zu arbeiten und sich erwartungsgemäß abwärts fortzubewegen. Dabei streckten sie Ihren Körper, um den Körperumfang zu verringern und die Maschen durchdringen zu können.

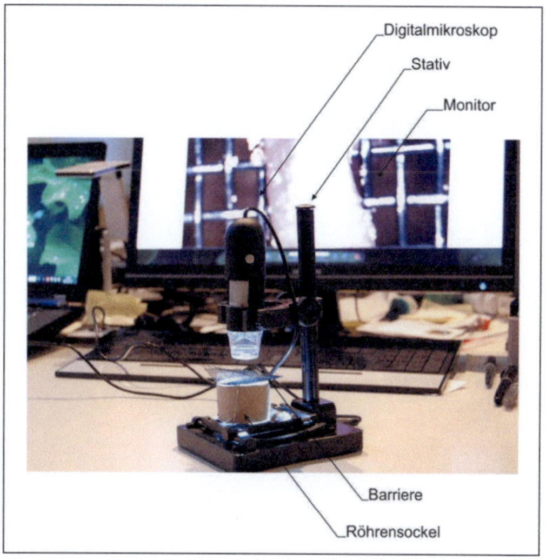

Abb. 135:
Versuchsaufbau zur Darstellung der Durchlässigkeit unterschiedlicher Geogewebe

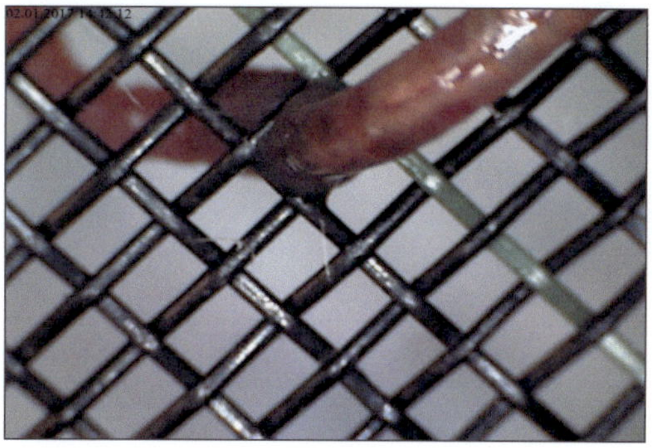

Abb. 136:
Maschenweite 1,1 mm x 1,7 mm
Wurmumfang:10 mm
Wurmdurchmesser: 3,26 mm

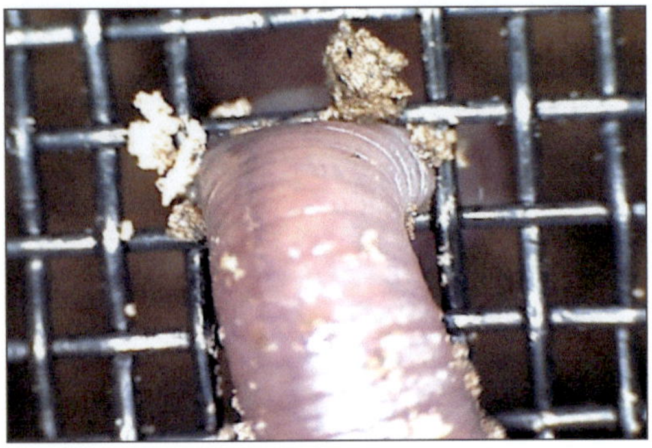

Abb. 137:
Maschenweite 1,8 mm x 4,3 mm
Wurmdurchmesser: 4,8 mm

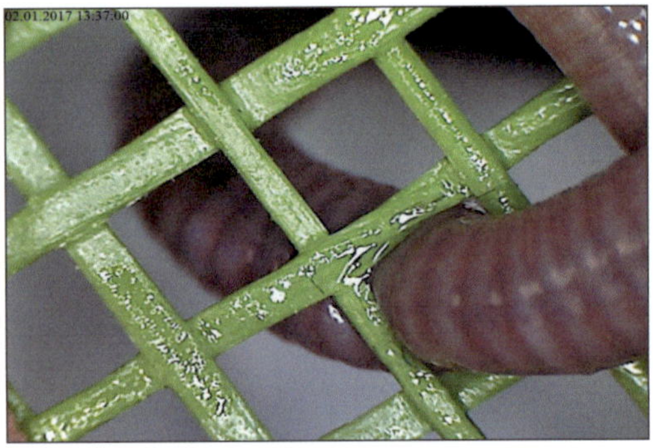

Abb. 138:
Maschenweite 2,7 mm x 2,8 mm
Wurmdurchmesser: 4,1 mm

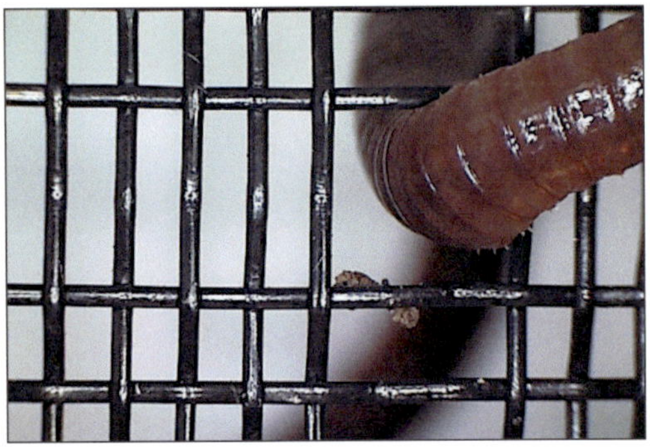

Abb. 139:
Maschenweite 4,3 mm x 4,3 mm
Wurmdurchmesser: 4,1 mm

7.2.2 Ergebnis der Untersuchungen

Durch die Versuche konnte die Annahme bestätigt werden, dass Barrieren mit einer Maschenweite von 0,8 mm x 0,8 mm für Regenwürmer eine nicht durchlässige Barriere darstellen.

Die Ergebnisse zeigen, dass die Grenze der Passierbarkeit für Regenwürmer bei einer Maschenweite von 1,1 mm x 1,7 mm liegt.

Um die Durchlässigkeit einer horizontalen Barriere für Regenwürmer zu gewährleisten, sollte die Maschenweite eines Gewebes deshalb die Größe von 1,1 mm x 1,7 mm nicht unterschreiten.

8 Zusammenfassung der Ergebnisse

Die Hauptfrage nach der Beschaffenheit von Barrieren aus Geokunststoffen, die einerseits den Maulwurf am Ablagern der Hügel hindern und andererseits die Entwicklung und die Qualität des Rasens nicht beeinträchtigen, konnte durch die Untersuchungen und Versuche beantwortet werden. Dabei haben die Beobachtungen im Freiland ergeben, dass horizontale Barrieren mit stabilen Kreuzungspunkten der Fäden und Maschenweiten zwischen 0,8 mm x 0,8 mm bis 16 mm x 16 mm das Ablagern von Maulwurfshügeln verhindern. Sind die Maschen jedoch instabil, verlieren sie ihre Wirksamkeit bereits bei einer Maschenweite von mehr als 2,9 mm x 1 mm, da Maulwürfe die Barriere nach dem Verschieben der Fäden durchdringen.

Um jedoch auch Wühlmäusen standzuhalten, die sich im Gangsystem von Maulwürfen aufhalten, darf die Maschenweite nicht mehr als 0,8 mm x 0,8 mm betragen. Anderenfalls ist es den Wühlmäusen möglich, mit den Schneidezähnen in die Maschen einzudringen, hinter die Fäden zu greifen, diese zu zernagen und die Barriere zu durchdringen. Durch die Perforation der Barriere ist dem Maulwurf das Ablagern von Maulwurfshügeln dann wieder möglich.

Betrachtet man die Auswirkung horizontaler Barrieren auf die Entwicklung des Rasens, hat sich in den Versuchen gezeigt, dass Rasenwurzeln selbst durch feine Maschenweiten von 0,8 x 0,8 mm im Wachstum nicht beeinträchtigt werden. Gleiches gilt auch für das Rasenwachstum.

Positiv wirken sich Barrieren zudem auf die Abwehr von bedeutenden Rasenschädlingen wie Junikäfer oder Gartenlaubkäfer aus. Mit Maschenweiten im Bereich zwischen 0,8 mm x 0,8 mm und 6,8 mm x 6,8 mm verhindern die Barrieren, dass die adulten Tiere die notwendige Ablagetiefe für die Eiablage erreichen. Zudem verhindern sie, dass die Larven den Boden zu den entwicklungsbedingten Aufenthaltstiefen der unterschiedlichen Larvenstadien durchwandern können.

Für Regenwürmer, die für eine gesunde Bodenentwicklung unabdingbar sind, ist allerdings eine Barriere mit einer Maschenweite von weniger als 1,0 mm x 1,7 mm ein unüberwindbares Hindernis. Erst bei einer größeren Maschenweite kann ein ungehinderter Wechsel der Würmer zwischen den Bodenschichten beidseitig der Barriere sowohl bis an die Rasenoberfläche als auch in tiefere Schichten stattfinden.

Wie sich der Verbau horizontaler Barrieren auf die Sicherheit der Nutzer von Rasenflächen auswirkt, ist nicht eindeutig zu beantworten. Zum einen hat sich durch die Beobachtungen die Annahme bestätigt, dass durch den Einbau horizontaler Barrieren das Unfallrisiko auf Rasenflächen gesenkt werden kann. Die Barrieren tragen dazu bei, dass sich die Standfestigkeit der Flächen verbessert, Gangeinbrüche sowie Überhöhungen verhindert werden und damit die Ebenheit der Rasenflächen erhalten bleibt. Zum anderen kann bei sportlich genutzten Rasenflächen allerdings der Abtrag der Rasennarbe in den stark beanspruchten Hauptaktionsräumen zum Freiliegen der Barrieren führen. Dann werden diese je nach Gewebedichte glatt und es entsteht Rutschgefahr. Sind die Gewebe nicht aus einem Stück gefertigt, und die Teilstücke nicht fest miteinander verbunden, kann sich das Gewebe aufwölben und „Taschen“ bilden, in denen sich die Sportler mit den Füßen verhaken und dadurch stürzen. Damit werden die Barrieren auf Sportrasen zu einem Sicherheitsrisiko. Unter Berücksichtigung dieser Problematik müssen für Rasenflächen sportlicher Nutzung andere Einbaulösungen gefunden werden.

Auch die Pflege und Instandsetzung von Rasenflächen lässt sich durch den Einbau einer horizontalen Barriere verbessern. Werden Maulwurfshügel durch die Barrieren verhindert, entfallen zeitaufwendige und personalintensive Maßnahmen wie das Entfernen der Maulwurfshügel und die Wiederherstellung der Ebenheit vor dem Mähen ebenso wie zusätzliche Arbeitsdurchgänge zum Entfernen von Beikräutern. Zudem können Arbeitsdurchgänge zur Entfernung von Rasenschädlingen reduziert werden, weil die Barrieren die Entwicklung der Insekten im Boden beeinträchtigt. Letztendlich wird durch den Erhalt der Ebenheit dem erhöhten Verschleiß von Maschinen entgegengewirkt, der sich anderenfalls in kleineren Instandhaltungsintervallen niederschlagen würde. Durch die Einsparungen an Arbeitsgängen sinken die Kosten für die Pflege, Instandhaltung und Sanierung der Rasenflächen.

Viele der eingangs formulierten Forschungsfragen konnten durch die Beobachtungen auf den Freiflächen und durch die Modellversuche beantwortet werden. Führt man jedoch die Ergebnisse der Einzeluntersuchungen zusammen, zeigen sich auch Widersprüche, werden Abwägungsprozesse notwendig und Forschungsdefizite sichtbar.

Wahl der wirksamen Maschenweite

Die Untersuchungen haben ergeben, dass Geogewebe mit festen Kreuzungspunkten bei Maschenweiten zwischen 0,8 mm x 0,8 mm und 16 mm x 16 mm das Aufwerfen von Maulwurfshügeln verhindern, Wühlmäusen jedoch bereits Maschenweiten von mehr als 0,8 mm x 0,8 mm ein Durchdringen der Barriere ermöglichen. Das Scheitern des Pressversuchs zur Ermittlung der maximal wirksamen Maschenweite zur Verhinderung von Maulwurfshügeln (Kap.6.1) relativiert sich bei der Betrachtung der anderen Untersuchungsergebnisse und des Maschenspektrums, das zur Verfügung steht, um einerseits Maulwürfe an der Ablage ihrer Hügel zu hindern und andererseits die Durchlässigkeit für Regenwürmer und Insekten zu gewährleisten.

Auch für den Rasen kommt es bei der Verwendung von Geogeweben mit feinen Maschen zu keiner Beeinträchtigung des Wurzel- und Rasenwachstums. Doch gerade letzteres relativiert sich schnell, wenn es um eine langfristige Entwicklung des Rasens und den Erhalt der biologischen Funktion des Bodens geht. Denn für Regenwürmer stellen Barrieren mit einer Maschenweite von 0,8 mm x 0,8 mm eine undurchlässige Barriere dar und diese reagieren auf die Beeinträchtigung ihres Lebensraumes, wie die Untersuchungen gezeigt haben, mit dem Rückzug aus diesen Flächen in die Randbereiche. Dieses könnte sich langfristig negativ auf die biologische Aktivität des Bodens, auf die Fruchtbarkeit und damit auf die Entwicklung des Rasens auswirken, wenn es sich um ausgedehnte, große Flächen, wie z.B. Rasen in Parkanlagen oder auf Sportplätzen handelt.
Zusätzliche Pflegemaßnahmen, z. B. zur Beseitigung des Rasenfilzes, infolge fehlender Erstzersetzung im Boden durch die Regenwürmer würden dann notwendig, um den negativen Effekten entgegenzuwirken. Da Großflächenversuche bisher jedoch noch nicht durchgeführt wurden, liegen bezüglich der Populationsentwicklung von Regenwürmern in großen Flächen noch keine Erkenntnisse vor.
Es muss grundsätzlich anhand der örtlichen Gegebenheiten geprüft und entschieden werden, welche Maschenweite für die standortbedingte Situation zur Verhinderung von Maulwurfshügeln auf Rasenflächen die geeignetste ist. Diese Entscheidung ist dabei eng mit dem Vorkommen von Wühlmäusen verknüpft, da Barrieren, die hinsichtlich ihrer Maschenweite das Durchnagen von Wühlmäusen verhindern, undurchlässig gegenüber Regenwürmern sind. Können keine Wühlmausvorkommen festgestellt werden, ist die Auswahl von Barrieren möglich, die hinsichtlich ihrer Maschenweite keine Barriere für Regenwürmer darstellen jedoch das Ablegen von Maulwurfshügeln verhindern.
Der kleinräumig positive Effekt, dass engmaschige

Geogewebe Insekten, die den Rasenschädlingen zugeordnet werden, daran hindern, zur Eiablage in tiefere Bodenschichten vorzudringen, beziehungsweise Larven nicht mehr an die Oberfläche gelangen lassen, bleibt in der Diskussion über den Rückgang der Artenvielfalt zu relativieren. Negativ wirkt sich sowohl der Rückzug der Regenwürmer als auch das Fehlen von Insektenlarven auf das Nahrungsangebot des Maulwurfs aus, der sich daraufhin gegebenenfalls aus den Flächen zurückzieht.

Aus diesen Erkenntnissen folgt einerseits ein Nutzen hinsichtlich der Pflege und Instandhaltung von Rasenflächen, da die Zahl der Rasenschädlinge in den Rasenflächen mit Barriere langfristig abnehmen wird und somit Schäden vermieden werden können, andererseits ist anzunehmen, dass angesichts der derzeitig stark abnehmenden Insektenpopulationen der Nutzen dieser Auswirkungen im Rahmen des Artenschutzes hinterfragt und negativ bewertet wird.

Durch die Untersuchungen der Insektenlarven konnten Aussagen zu der wirksamen Maschenweite getroffen werden, um einerseits die Entwicklung der Rasenschädlinge zu stören und die Weiterentwicklung zu verhindern und andererseits, um die Entwicklung der Regenwürmer nicht zu beeinträchtigen und gleichzeitig das Ablagern von Maulwurfshügeln auf den Rasenflächen zu vermeiden.

Pflege und Instandhaltung

Einen eindeutigen Vorteil hat der Verbau horizontaler Barrieren zur Vermeidung von Maulwurfshügeln für die Pflege und Unterhaltung der Rasenflächen. Bereits die für das Entfernen von Maulwurfshügeln erhobenen Zeiten zeigen deutlich, welches Einsparpotenzial mit dem Verbau horizontaler Barrieren verbunden ist, wenn diese das Ablagern von Maulwurfshügeln verhindern (vgl. Kap. 3). Entfallen weitere Maßnahmen wie das Einebnen der Rasenoberflächen und das Entfernen aufgelaufener Beikräuter als Folge der Maulwurfstätigkeit, summiert sich der Arbeitsaufwand erheblich.

Ein weiteres Problem, das durch die Grabtätigkeit des Maulwurfs verursacht wird, ist der hohe Bodenaustrag. Dieser führt zunehmend zur Unterhöhlung des Rasens mit der Gefahr von Einbrüchen. Da der Abraum dem Boden nicht einfach wieder zugeführt werden kann, sind langfristig großflächige, aufwendige Sanierungsmaßnahmen die Folge. Alle diese Pflegeaufwendungen lassen sich über die Zeiteinheiten direkt in Geldwert umrechnen. Doch um den tatsächlichen ökonomischen Vorteil des Einbaus von horizontalen Barrieren in Rasenflächen zu erfassen, müsste auch der Maschineneinsatz berücksichtigt werden. Der angenommene erhöhte Verschleiß, der durch das Überfahren der Maulwurfshügel entsteht, die nachfolgend anfallenden zusätzlichen Reparaturkosten und zusätzliche Investitionen, weil die Maschinen häufiger erneuert werden müssen.

Auswirkungen von Barrieren auf die Aktivitäten des Maulwurfs

War die ursprüngliche Annahme, Maulwürfe würden mit der Verlegung horizontaler Barrieren aus den Rasenstandorten vertrieben, zeigte sich im Laufe der Beobachtungen auf den Freilandflächen, dass Maulwürfe trotz verbauter Barrieren in ihrem Lebensraum/Revier aktiv bleiben.

Eine Vertreibung des Maulwurfs durch den Einbau der Barrieren fand nicht statt. Hier erhebt sich allerdings die Frage, bis zu welcher Flächengröße mit Barrierewirkung dies zutrifft. Es ist bekannt, dass der Maulwurf Bewetterungsschächte zur Belüftung seines Nestbereichs und des Gangsystems in einem Abstand von 5 bis 7 m anlegt und diese bis zur Erdoberfläche gegraben werden müssen. Da das Graben der Schächte bis an die Oberfläche durch die Barrieren nicht möglich ist, kann es sein, das der Maulwurf sein Revier bei großen Rasenflächen von z. B. mehr als 1200 m^2

(entspricht der dreifachen Größe eines normalen Reviers) in die Randbereiche verlagert und nicht mehr in dem gesamten mit Barrieren überdeckten Bereich aktiv ist. Diese Annahme könnte durch die Besenderung von Maulwürfen untersucht werden, um belastbare Aussagen zu dem Verhalten der Maulwürfe in Rasenflächen mit horizontaler Barriere zu gewinnen, die über das Maß der normalen Reviergröße hinausgehen.
Als Indiz hierfür könnte die Verlagerung des Nestbereichs gelten, die mit Hilfe einer Besenderung des Maulwurfs nachvollzogen werden kann. Ebenso ist es durch die Besenderung möglich, Aktivitäten des Maulwurfs unter der Barriere und die Ausdehnung des Streifgebietes unter den Barrieren zu erfassen.
Solange diese Untersuchungen auf größeren Flächen noch nicht sattgefunden haben und nicht sicher belegt werden kann, ob der Maulwurf durch das Verlegen horizontaler Barrieren im Sinne des BNatSchG beeinträchtigt wird, ist es hinsichtlich artenschutzrechtlicher Belange empfehlenswert, vor der großflächigen Verlegung von horizontalen Barrieren eine artenschutzrechtliche Überprüfung durchzuführen.

Auswirkungen auf die Nutzungssicherheit

Durch die Beobachtungen und vergleichenden Untersuchungen konnte dargestellt werden, dass die Nutzungssicherheit auf Rasenflächen mit horizontalen Barrieren besser zu bewerten ist, als auf Rasenflächen ohne Barrieren. Die Ursachen für das zunehmende Verletzungsrisiko bestehen hauptsächlich aus nur schwer sichtbaren Unebenheiten in den Rasenflächen und plötzlich einbrechenden Gangabschnitten.
Die Untersuchung der Beobachtungsflächen ergab hierbei eine deutliche Verbesserung der Oberflächenbeschaffenheit. Das ist besonders auf Rasenflächen von Bedeutung auf denen sportliche Aktivitäten stattfinden, oder auf Rasenflächen, wie sie z.B. in Rasenreihengrabanlagen auf Friedhöfen zu finden sind, wo die Flächen oft von älteren Menschen begangen werden und die Sicherheit eine große Rolle spielt.
Im Ergebnis tragen die horizontalen Barrieren zur Verbesserung der Nutzungssicherheit auf Rasenflächen bei.

9 Empfehlungen für den Einbau horizontaler Barrieren

9.1 Schichtenaufbau

Es gibt mehrere Möglichkeiten horizontale Barrieren in Rasenflächen zu verbauen. Der Grundsätzliche Aufbau einer Rasenfläche mit horizontaler Barriere ist in Abbildung 140 dargestellt. Die Barriere wird flächig, horizontal auf dem Untergrund oder der Rasentragschicht verlegt. Auf der Barriere wird dann entweder, eine Rasentragschicht aufgetragen und diese dann eingesät oder Fertigrasen verlegt.

Wie schon beschrieben, ist es auch möglich, Fertigrasen direkt auf der Barriere zu verlegen, wenn der Untergrund die vegetationstechnischen Anforderungen an eine Rasentragschicht erfüllt.

Es hat sich jedoch in der Praxis bewährt, über der horizontalen Barriere eine Rasentragschicht aufzutragen, um einerseits die Barriere vor Beschädigungen zu schützen und den Rasengräsern andererseits oberhalb der Barriere hinreichend Wurzelraum zu schaffen, der für den Maulwurf nicht zu erreichen und damit vor Grabaktivitäten geschützt ist (vgl. Kap. 6.4).

Für die Wirksamkeit einer horizontalen Maulwurfbarriere ist neben der Maschenweite und Maschenstabilität der Barriere die Einbautiefe ausschlaggebend.

Um zu verhindern, dass sich der Maulwurf zwischen Rasennarbe und Barriere fortbewegen kann, dürfen die Barrieren wie in Abbildung 139 und 140 dargestellt, nicht tiefer als 40 mm, unter der Rasenoberfläche verbaut werden. Wird Fertigrasen auf einer Rasentragschicht verlegt, ist darauf zu achten, dass die Schäldicke des Fertigrasens von der Tragschichtendicke abgezogen wird um 30-40 mm Gesamtaufbau nicht zu überschreiten. (Abb. 141).

Abb. 140:
Regelaufbau einer Rasenfläche mit horizontaler Barriere

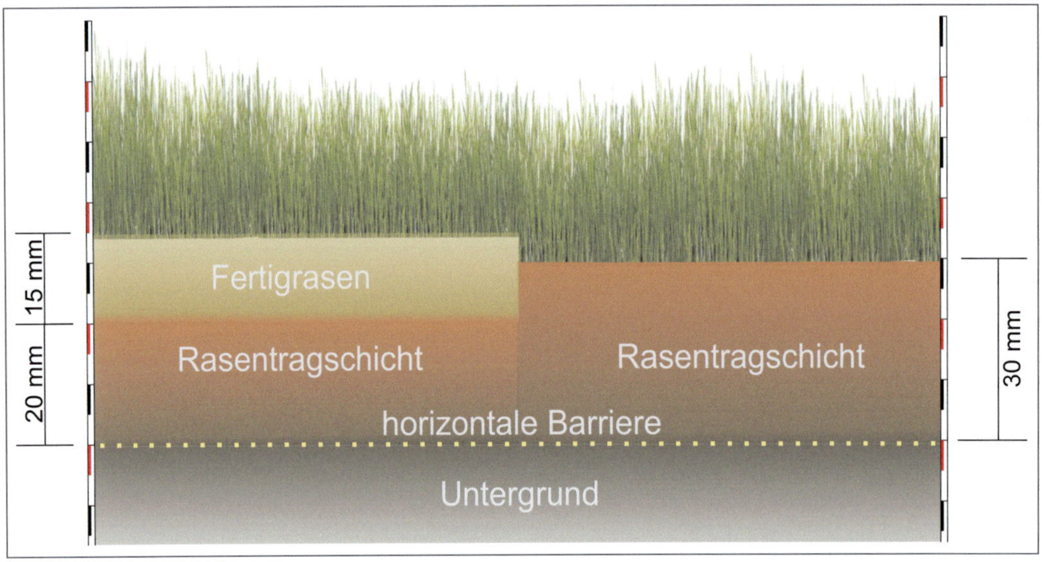

Abb. 141:
Regelaufbau einer Rasenfläche mit horizontaler Barriere, Fertigrasen sowie gesätem Rasen

9.2 Einbau der horizontalen Barriere auf der vorhandenen Rasennarbe

Oftmals ist es für das Verlegen horizontaler Barrieren nicht notwendig, die bestehende Rasennarbe abzuschälen. Der vorhandene Rasen kann sehr kurz gemäht und die Rasenfläche mit sandigem Oberboden oder Rasentragschichtmaterial abgeschleppt werden. Durch das Abschleppen werden vorhandene Unebenheiten auf der Rasenfläche ausgeglichen. Auf der egalisierten Oberfläche wird die horizontale Barriere verlegt. Da die vorhandene Rasennarbe in der Regel höhengleich beziehungsweise bis zu 2 cm tiefer an die Oberfläche der Mähkanten oder Wegebeläge anschließt, müssen diese Bereiche im ersten Schritt durch einen Bodenabtrag vorbereitet werden. Der Bodenabtrag richtet sich nach der Einbaudicke des gewählten Aufbaus.

Praxistip:

Um zu prüfen, ob ein Barrierematerial geeignet ist das Durchdringen des Maulwurfs zu verhindern, spannt man ein Stück Barriere über den Daumen. Geben die Maschen nach und lässt sich das Gewebe mit dem Daumen durchdringen, ist es als Maulwurfbarriere nicht geeignet.

Praxistip:

Schälen Sie entlang befestigter Flächen oder Mähkanten die ersten 100 cm der vorhandenen Rasennarbe ab und bereiten sie daraufhinden Boden in der erforderlichen dicke ab, um die Rasenoberfläche höhengleich anschließen zu können.

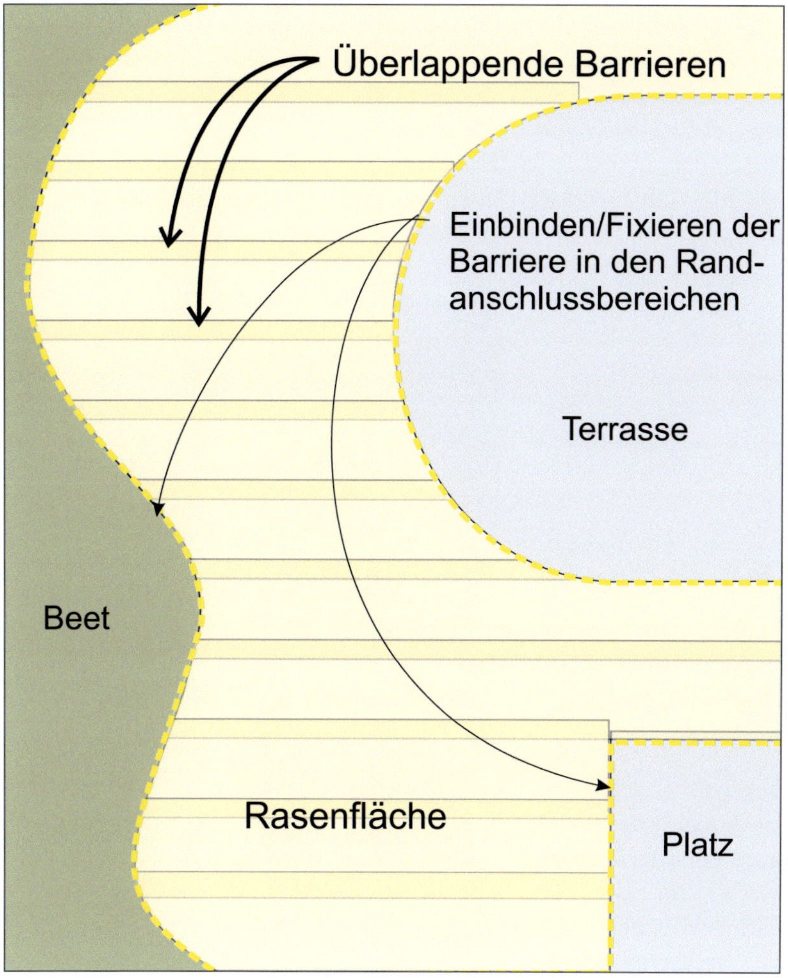

Abb. 142: Überlappende Verlegung horizontaler Barrieren

Die 2 cm Höhenunterschied in den Randanschlussbereichen können vorsorglich ausgebildet werden, da der Rasen im Laufe der Zeit oberhalb der Barriere an Aufbaudicke zunimmt.

Die Barriere wird auf dem Erdplanum horizontal verlegt. Barrierematerialien werden in der Regel als Rollenware geliefert und bahnenweise verlegt. Die Bahnen müssen wie in Abbildung 142 dargestellt, um mindestens 10 cm überlappend verlegt werden. Der Anfang, das Ende und seitliche Anschlüsse einer Barrierebahn sollten fixiert werden, damit das Material nach der Verlegung nicht durch den Maulwurf aufgewühlt oder angehoben wird.

Praxistip:
Das bahnenweise fixieren der Barrieren mit Erdnägeln verhindert die Bildung von Falten dadurch wird das verlegen der Bahnen und die Herstellung des Rasens erleichtert.

Das Fixieren erfolgt hierbei auf unterschiedliche Weise in ungebundener oder gebundener Bauweise:

- Fixieren der Barrieren mit Erdnägeln aus Kunststoff
- Fixieren der Barriere vor aufgehenden Bauteilen oder vorhandenen Randeinfassungen in einem Graben (Abb. 146 und 147)
- Verlegen der Barrieren unter Mähkanten oder Randeinfassungen (Abb.145)
- Einbindung der Barrieren in den Fundamentbeton der Randeinfassungen (Abb. 148)

Werden die Barrieren in Gräben verbaut, dann muss die Barriere mindestens 20 cm tief in den Graben eingebunden werden.

9.3 Herstellung der Randanaschlüsse

Der fachgerechte Anschluss horizontaler Barrieren an Randeinfassungen Wegebelägen oder aufgehende Bauteile ist ein wesentlicher Bestandteil zur Herstellung einer funktionsfähigen horizontalen Barriere. Werden die Randanschlüsse nicht fachgerecht hergestellt, ist es dem Maulwurf in diesen Bereichen möglich, Abraum auf die Rasenoberfläche zu transferieren und dort Hügel abzulegen.

Praxistip:
Es ist nicht notwendig die Barrieren in den Randanschlussbereichen des Rasens tiefer als 20 cm abgewinkelt in die Erde zu führen. Die Funktion der horizontalen Barrieren wird einzig durch den flächigen Einbau erfüllt. Dem Maulwurf soll es möglich sein, den Lebensraum weiter zu nutzen.

Hierbei reichen dem Maulwurf oftmals kleinste Öffnungen oder Spalten aus, um den Boden an die Oberfläche zu schieben wie die Abbildung 143 zeigt.
Die Anschlüsse können je nach örtlichen Gegebenheiten in ungebundener sowie in gebundener Bauweise ausgeführt werden.

Abb. 143:
Aufwurf eines Maulwurfshügels zwischen Gebäudewand und Pflasterbelag

9.3.1 Einbau in ungebundener Bauweise

Die Abgrenzung der Rasenflächen gegenüber Beetflächen wird in unterschiedlicher Art und Weise mit unterschiedlichsten Materialien durchgeführt. Werden horizontale Barrieren verlegt, stoßen diese an die Einfassungen an. Es ist deshalb schon rechtzeitig zu prüfen, in welcher Art und Weise die Randanschlüsse der Barriere an die Einfassungen hergestellt werden sollen. Sind keine Randeinfassungen zwischen Beetfläche und Rasenfläche vorgesehen, ist es dennoch wichtig, die Barriere nicht einfach flach auslaufend auf dem Erdplanum zu verlegen, sondern die Barriere in den Boden einzubinden. Damit wird dem Anheben der Barriere durch den Maulwurf vorgebeugt.

Um den Anschluss der Barriere an die Ränder zu vereinfachen, hat es sich bewährt, Anschlussstreifen zu verwenden, die aus demselben Material wie die horizontale Barriere bestehen können, jedoch getrennt von dieser verbaut werden. Der Anschlussstreifen sollte in einen ca. 20 cm tiefen Graben eingelegt und L-förmig, parallel zur Grabensohle abgewinkelt werden (Abb. 144). Auf diese Weise ist der Graben beidseitig gut mit den Anschlussstreifen verlegt (Abb. 144 bis 146). Sind Mähkanten vorhanden oder sollen diese als Abgrenzung zwischen Rasen und Beetflächen in ungebundener Bauweise verlegt werden, ist es möglich, die horizontale Barriere in das Bettungsmaterial aber auch unter dem Bettungsmaterial einzulegen.

Vor aufgehenden Bauteilen, wie zum Beispiel Hauswänden, an denen der Rasen ggf. direkt anschließen soll oder vor bestehenden

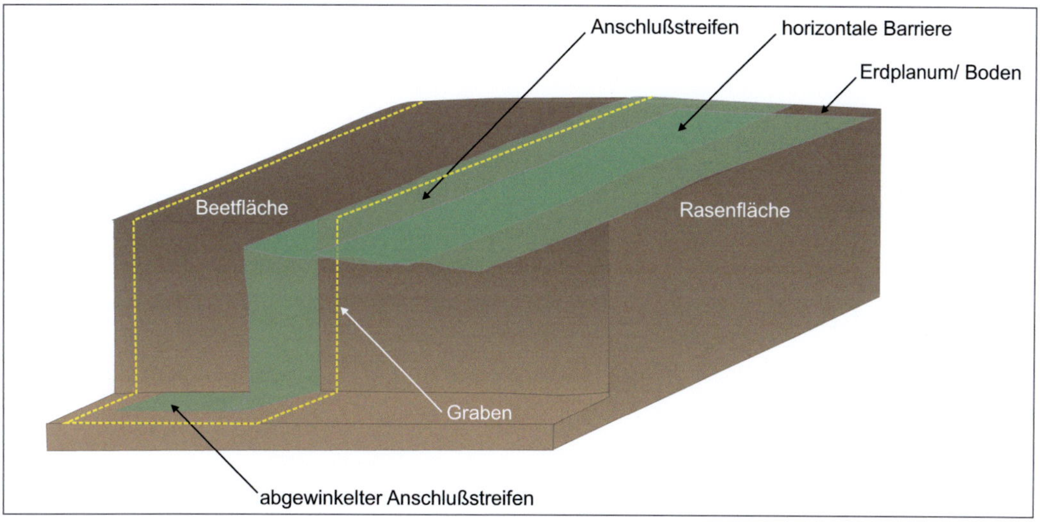

Abb. 144:
Trennung der Rasenfläche von der Beetfläche durch einen abgewinkelten Anschlussstreifen

Oberboden zu verfüllen. Anschließend wird das aus dem Graben herausstehende Barrierematerial in Richtung Rasen abgewinkelt und mit Rasennägeln auf dem Erdplanum fixiert. Wie breit der Anschlussstreifen insgesamt sein muss, hängt von der Tiefe des Grabens und von der Breite der Grabensole ab. Oberhalb des Erdplanums sollte der Anschlussstreifen eine Breite von mindestens 30 cm aufweisen. Nachdem die Anschlussstreifen verbaut wurden, werden sie mit den Bahnen der horizontalen Barrieren überlappend abgedeckt, d.h. die horizontalen Barrieren werden über Randeinfassungen, wird der Anschlussstreifen in einen Graben, wie in Abbildung 146 und 147 dargestellt, eingebunden und auf der Grabensole sowie an der Oberfläche des Erdplanums abgewinkelt.

Praxistip:
Es hat sich bewährt, die Randanschlüsse gesondert mit Anschlussstreifen herzustellen. Diese werden separat in den Gräben verbaut und anschließend mit der Barriere überdeckt.

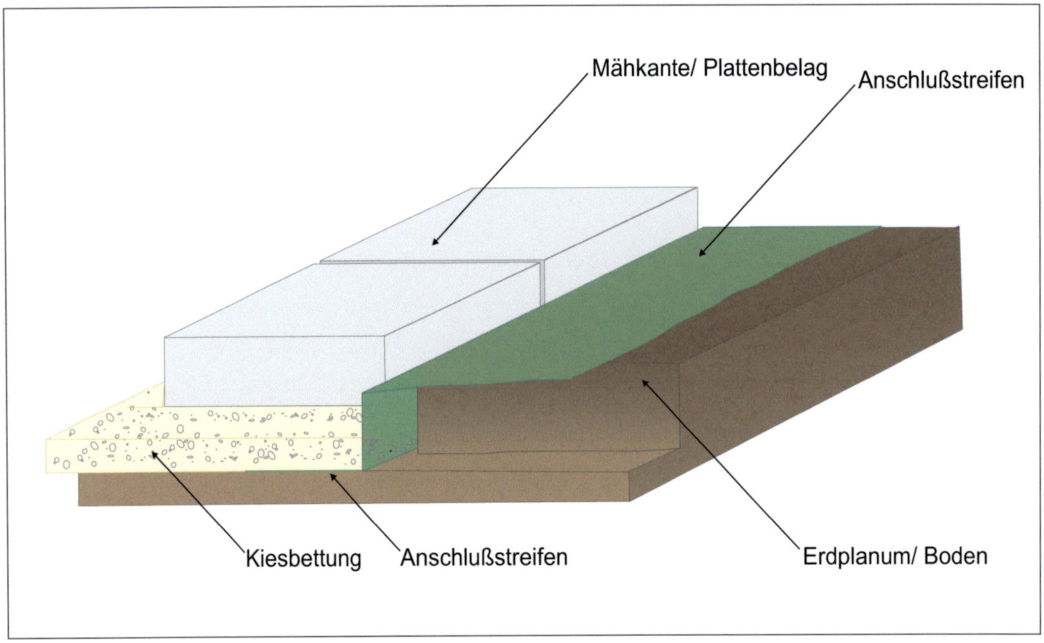

Abb. 145:
Einbau des Anschlussstreifens unter dem Bettungsmaterial der Randeinfassung

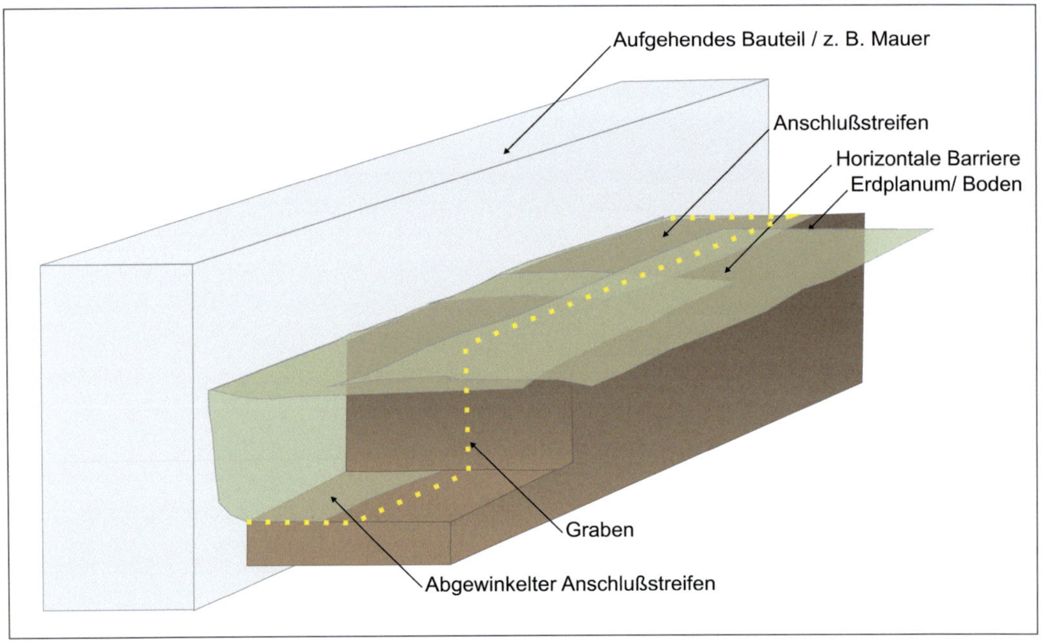

Abb. 146:
Randausbildung des Anschlussstreifens vor einem aufgehenden Bauteil

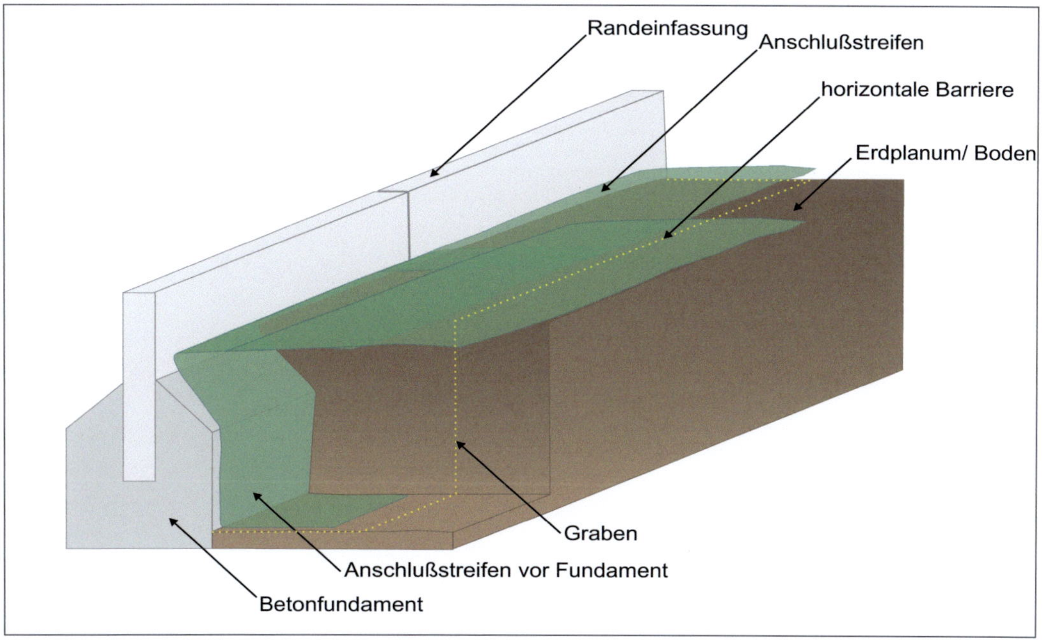

Abb. 147:
Einbau des Anschlussstreifens vor der vorhandenen Randeinfassung mit Betonfundament

Herstellung des Randanschlusses in gebundener Bauweise

Eine weitere Möglichkeit funktionierende Randanschlüsse herzustellen, ist die Ausführung der Randanschlüsse in gebundener Bauweise bei der die Anschlussstreifen während des Herstellungsprozesses des Betonfundaments in den Fundamentbeton eingelegt werden. Nach dem Abbinden des Fundamentbetons kann der Anschlussstreifen senkrecht zum Fundament an die Oberfläche des Erdplanums geführt und auf diesem fixiert werden (Abb. 148).

Sehr feinmaschige Barrierematerialien mit Maschenweiten von 0,8 mm x 0,8 mm die als Anschlussstreifen verwendet werden, können im Betonfundament zu einer Trennung des Betons führen. Deshalb sollte darauf geachtet werden, dass sich der Beton durch das Barrierematerial hindurch verbinden kann. Eine alternative zu dem Einbau in das Betonfundament besteht in dem Einbau des Anschlussstreifens vor dem einfüllen des Fundamentbetons in den Fundamentgraben und damit unter dem Fundament

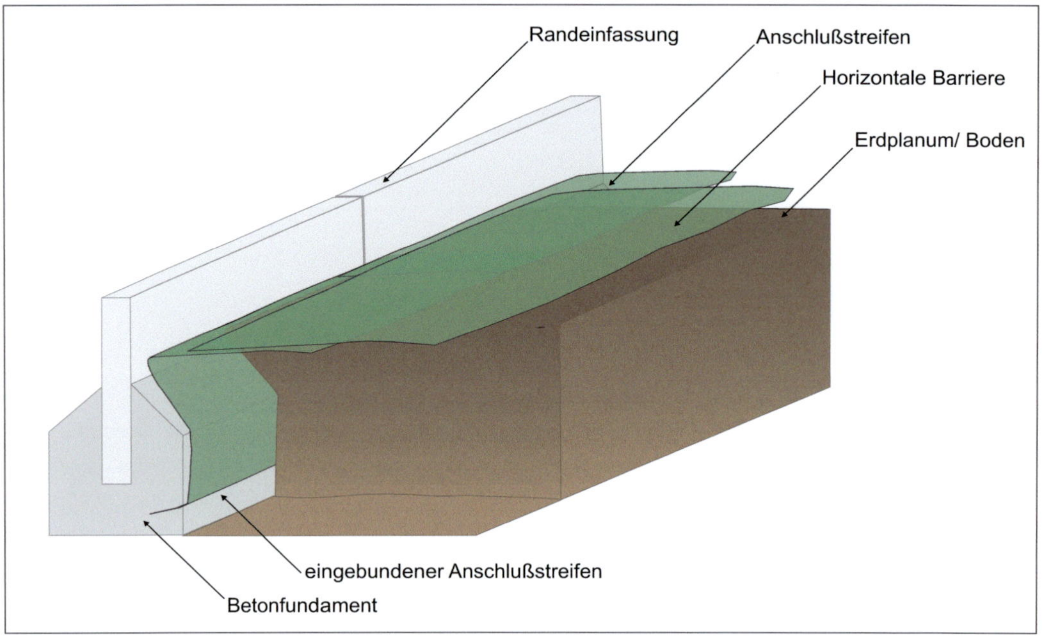

Abb. 148:
Einbinden des Anschlussstreifens in den Fundamentbeton der Randeinfassung

Durchführungen und Instandsetzung von Durchbrüchen

Vertikal aufgehende Hindernisse wie zum Beispiel Pfosten, die sich in der Rasenfläche befinden, werden bei der Verlegung des Barrierematerials zunächst ausgespart. Die verbliebenen Aussparungen oder Ausschnitte werden mit Manschetten aus Barrierematerial überlappend abgedeckt und mit Erdnägeln im Boden fixiert (Abb. 149). Bei der Verwendung von Manschetten, die abgewinkelt um das Hindernis geführt werden, ist die Durchdringung für den Maulwurf nicht mehr möglich (Abb. 150).

Werden horizontale Barrieren beschädigt, so dass Öffnungen in dem Material entstehen, ist die Funktion der Barrieren, je nach Öffnungsgröße, lokal nicht mehr oder nur eingeschränkt gegeben. Damit entfällt der Schutz vor dem Aufwerfen von Maulwurfshügeln, in den geöffneten Bereichen. Der Maulwurf nutzt die Öffnungen, um Abraummaterial auf der Rasenoberfläche abzulegen und kennzeichnet damit die beschädigte Stelle.

Um die Barrieren instand zu setzen, muss der oberhalb der Barriere befindliche Aufbau (Rasennarbe und Rasentragschicht) abgetragen und die Barriere freigelegt werden. Der Durchbruch wird mit einem hinreichend großen Barrierestück abgedeckt. Um das Barrierestück vor dem Anheben zu sichern, werden die Ecken mit Rasennägeln fixiert. Das abgetragene Rasenstück kann anschließend wiederverwendet werden, um die Schadstelle zu verschließen.

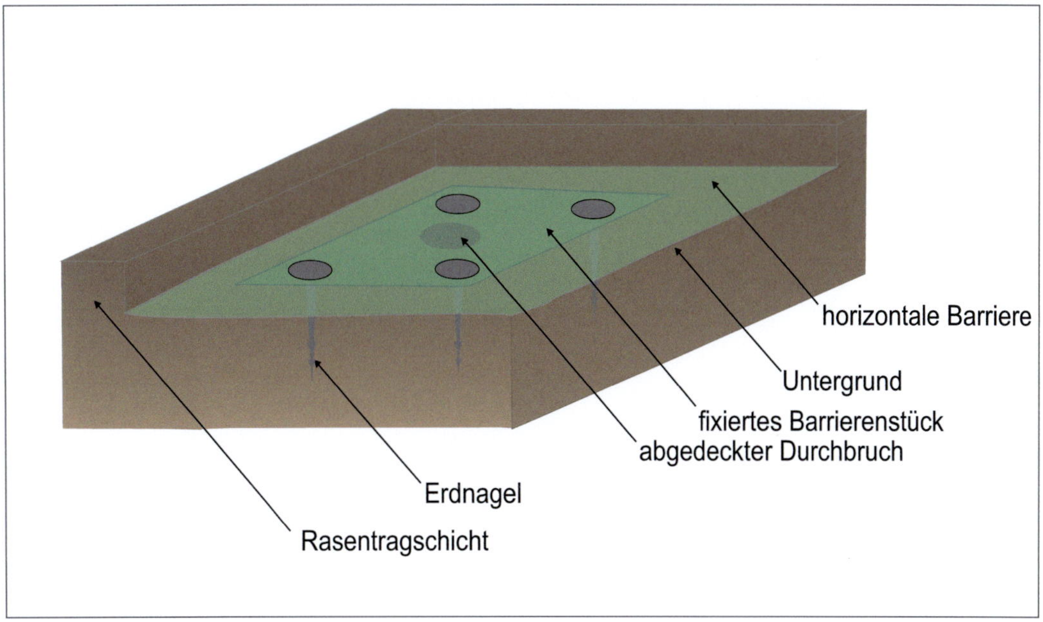

Abb. 149:
Instandsetzung einer Beschädigten/ Durchbrochenen horizontalen Barriere

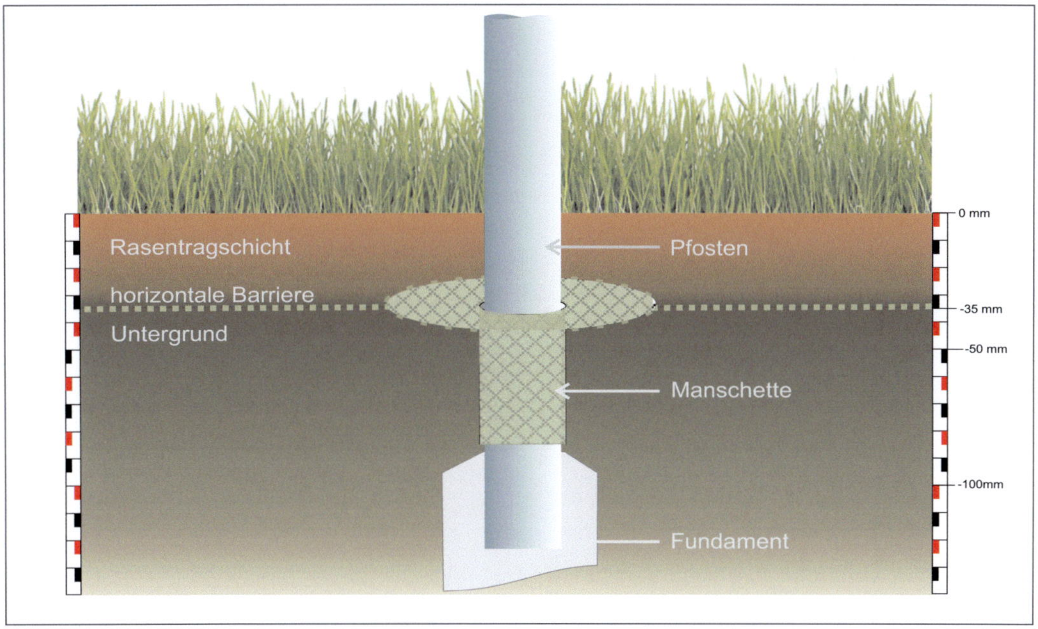

Abb. 150:
Ausbildung eines Anschlussstreifens als Manschette um einen Pfosten

9.4 Horizontale Barrieren in Rasengrabanlagen

In der heutigen Bestattungskultur gibt es alternativ zu der klassischen Bestattungsform in Wahl- oder Reihengräbern die Möglichkeit, die Verstorbenen in Rasengräbern bestatten zu lassen. Rasengräber eignen sich sowohl für die Beisetzung von Urnen als auch für die Beisetzung von Särgen. Sie werden auf großflächigen Rasengrabfeldern angeordnet. Rasengräber werden nicht eingefasst und bepflanzt, sondern lediglich mit einer Grabplatte, zur Kennzeichnung des Grabes versehen. Diese ist in der Regel höhengleich in der Rasenfläche verbaut.

Rasengräber sind im Vergleich zu den klassischen Wahl- oder Reihengräbern pflegeleicht. Die Pflege der Rasengräber wird nicht von den Angehörigen durchgeführt. Diese wird in der Regel von den Friedhofsverwaltungen organisiert und beschränkt sich im Wesentlichen auf die Rasenpflege und Instandsetzung.

Der Anspruch der Hinterbliebenen an die Qualität und den Zustand der Rasengräber ist nach eigenen Beobachtungen sehr hoch. In dem Bewusstsein, die Pflege der Rasenflächen in die Hände professioneller Pflegekräfte abgegeben zu haben, besteht die Erwartungshaltung, einen dichten, sattgrünen, kräftigen, krautarmen, sehr gut gepflegten Rasen beim Besuch des Grabes vorzufinden. Diesen Erwartungen wird jedoch in vielen Fällen nicht entsprochen.

Die nachfolgenden Abbildungen dokumentieren den unbefriedigenden Pflegezustand von Rasengräbern.

Die Gründe für den unzureichenden Zustand der Rasengrabflächen sind vielfältig.

Maulwurfshügel werden in der Regel vor dem Mähen nicht sorgfältig von den Rasengrabflächen entfernt. Das Abtragen der Maulwurfshügel vor dem Rasenmähen, stellt wie schon in Kapitel 3.1.1 beschrieben, einen zeitaufwendigen Arbeitsschritt dar. Werden die Maulwurfshügel nicht sorgfältig entfernt, sondern mit dem Rasenmäher auf der Rasenfläche verschoben (Abb. 151), kommt es zur Überlagerung der Rasennarbe mit dem Abraummaterial aus den Gängen und zu den in Kapitel 2.2 beschriebenen Auswirkungen. Durch das Verlegen horizontaler Barrieren in Rasenreihengrabanlagen lässt sich die Pflege und Instandhaltung der Rasenflächen deutlich verbessern. Das Ablegen von Maulwurfshügeln auf der Rasenfläche wird vermieden, die Pflege- und Instandhaltungsmaßnahmen können dadurch reduziert werden.

Die Abbildungen 153 dokumentiert den Zustand der Rasenflächen nach der Verlegung einer horizontalen Barriere in einem Rasengrabfeld (A) und vor der Verlegung einer Barriere (B).

Eine hinreichende Nährstoff- und Wasserversorgung der Rasenflächen in den Rasengrabanlagen ist ein weiter wichtiger Aspekt, um den Rasen dauerhaft in einem guten Pflegezustand zu erhalten.

Die Verlegung horizontaler Barrieren in Rasengrabanlagen kann sowohl nach als auch vor der Belegung der Gräber erfolgen. Der Schichtenaufbau entspricht dabei dem Standartaufbau gemäß Kapitel 4.3.3.

Erfolgt die Belegung der Gräber vor der Verlegung der horizontalen Barrieren, zum Beispiel Reihen- oder Abschnittsweise, werden die Barrieren flächig verlegt und die Grabplatten gem. Abbildung 158 und 159 in die Barrieren eingesetzt.

Erfolgt die Belegung der Gräber nach der Verlegung der horizontalen Barrieren mit Raseneinsat oder Fertigrasenverlegung, werden die Barrieren zur Belegung der Gräber gemäß

Abb. 151:
Bodenüberlagerung der Grabsteine durch das Verschieben von Maulwurfshügeln mit dem Aufsitzmäher

Abb. 152:
Konzentration der Mauwurfshügel im Bereich der Grabplatten

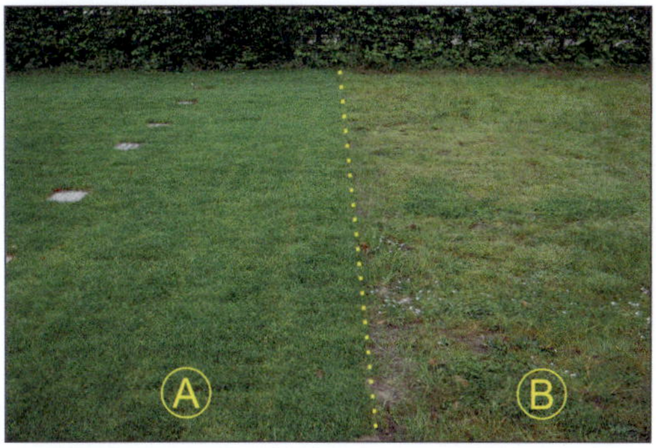

Abb. 153:
Zustand der Rasenfläche eines Grabfeldes mit (A) und ohne horizontaler Barriere (B)

der nachfolgenden Arbeitsschritte (Abbildung 154 bis 159) bearbeitet.

Erfolgt die Belegung der Gräber nach Verlegung der Barriere und der Herstellung der Rasenfläche, können sich die Rasenflächen gut entwickeln und von Anbeginn das Aufwerfen von Maulwurfshügeln mit den beschriebenen Folgeerscheinungen (vgl. Kap. 2.2) vermeiden. Die Rasengrabflächen sehen somit von Beginn an gepflegt aus und verursachen keine aufwendigen Pflege- und Instandhaltungsmaßnahmen.

Bei der Belegung von Urnengräbern kann zur Vorbereitung des Grabes ähnlich vorgegangen werden. Es empfiehlt sich jedoch einen Ausschnitt herzustellen, der nach dem Verfüllen des Grabes wie bei der Instandsetzung von Barrieren (Abb. 149) mit einem Barrierestück belegt wird, das zusätzlich mit Rasennägeln im Boden fixiert wird.

Bei der Verwendung horizontaler Barrieren in Rasengrabanlagen, kommt der Reißfestigkeit und der Dehnbarkeit des Barrierematerials eine große Bedeutung zu. Entstehen unterhalb der Barrieren Hohlräume, zum Beispiel durch das Absacken von Gräbern, lastet das Gewicht der Rasennarbe, wie in Abbildung 37 gut zu erkennen ist, allein auf dem Geotextil, das dadurch hohe Belastungen aufnehmen muss. Zudem muss es diese Lasten tragen und darf nicht zerreißen. Bei der Auswahl des Barrierematerials sollte deshalb berücksichtigt werden, dass die Maschen des Barrierematerials stabil sind und sich durch Zugkräfte nicht verschieben lassen. Kommt es nach der Verlegung zu Sackungen unterhalb der Barrieren, erfolgt die Instandsetzung gemäß. der Arbeitsschritte 1-4 (Abbildung 154 bis 157).

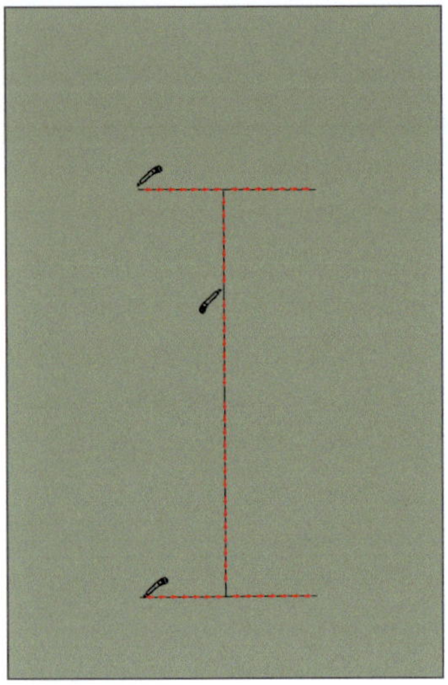

Abb. 154:
1. Auftrennen der Rasennarbe einschließlich der Barriere

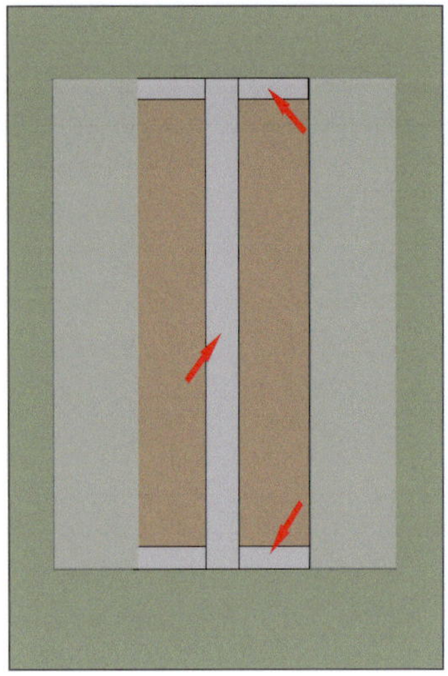

Abb. 156:
3. Verfüllen und Planieren des Grabes, anschließendes Einlegen der Nahtbänder

Abb. 158:
5. Abtragen der Rasennarbe im Bereich der Grabplatte und diagonales Auftrennen der Barriere, Aushub des Bodens und einlegen der Barriereecken

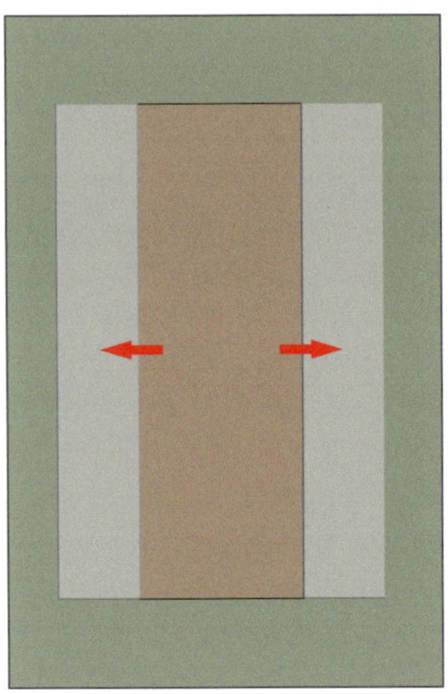

Abb. 155:
2. Aufklappen der Barriere mit Rasennarbe, anschließend Aushub des Grabes

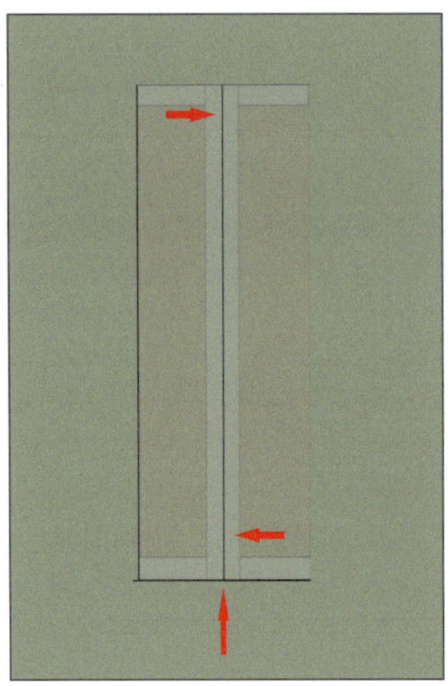

Abb. 157:
4. Zurückklappen der Barriere mit Rasennarbe, Andrücken und wässern des Rasens

Abb. 159:
6. Setzen der Grabplatte in den vorbereiteten Graben auf die Barriere

Praxistip:
Es empfiehlt sich bei einer nachträglichen Verlegung der Barriere die Lage der Grabplatten vor dem Aufnehmen genau zu verorten.

9.5 Barrieren auf Sportplätzen am Beispiel eines Fußballplatzes

Der Einbau horizontaler Barrieren auf Sportplätzen stellt eine Möglichkeit dar, die Nutzungssicherheit auf den Rasenspielfeldern zu verbessern. Ob horizontale Barrieren in einem Rasenspielfeld verbaut werden können oder nicht, hängt von den zu erwartenden Pflege und Instandsetzungsmaßnahmen ab.

Sollen die Rasenflächen im Rahmen der Pflege und Instandsetzung zum Beispiel mittels Hohlzinken airifiziert, also tiefgründig bearbeitet werden, entstehen langfristig Löcher in der Barriere, die es dem Maulwurf ermöglichen Abraum auf die Rasenfläche zu transferieren. Die Barrieren erfüllen dann nicht mehr ihre Funktion. Von der Verlegung horizontaler Barrieren ist in diesen Fällen dann abzusehen. Sieht der Pflege und Instandsetzungsplan das tiefgründige Bearbeiten der Rasenfläche nicht vor, ist bei der Verlegung horizontaler Barrieren auf Sportplätzen zu beachten, dass es wiederholt zu Aktionskonzentrationen in bestimmten Spielfeldbereichen kommt.

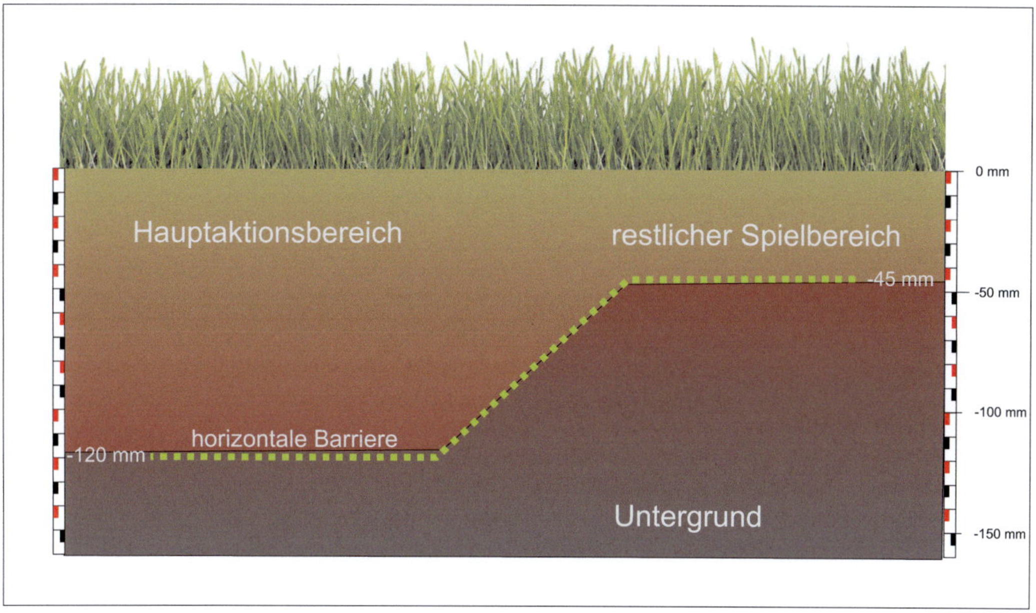

Abb. 160:
Zweistufiger Einbau horizontaler Barrieren auf einem Fußballfeld

Aus diesem Grund sollte der Einbau horizontaler Barrieren auf Sportrasenflächen im Vergleich zu Rasenflächen ohne sportliche Nutzung zweistufig in zwei unterschiedlichen Einbautiefen erfolgen (Abb. 160 und 161).
Der Einbau horizontaler Barrieren erfolgt in den Hauptaktionsbereichen zum Beispiel eines Fußballfeldes in den Torräumen, in denen durch den Spielbetrieb Bodenverlagerungen zu erwarten sind, in einer Tiefe von 120 mm. In Bereichen, in denen keine Bodenverlagerungen zu erwarten sind, kann der Einbau in einer Tiefe von zum Beispiel 45 mm erfolgen. Damit ist gewährleistet, dass die Barrieren im Spielbetrieb nicht freigespielt und zum Sicherheitsrisiko werden. Bedingt durch die Einbautiefe der Barrieren in den Hauptaktionsbereichen ist es nicht ausgeschlossen, dass der Maulwurf oberirdisch in diese Bereiche eindringt. Hier muss Abgewogen werden, in wie fern das Eindringen des Maulwurfs in diese Bereiche akzeptiert werden kann.

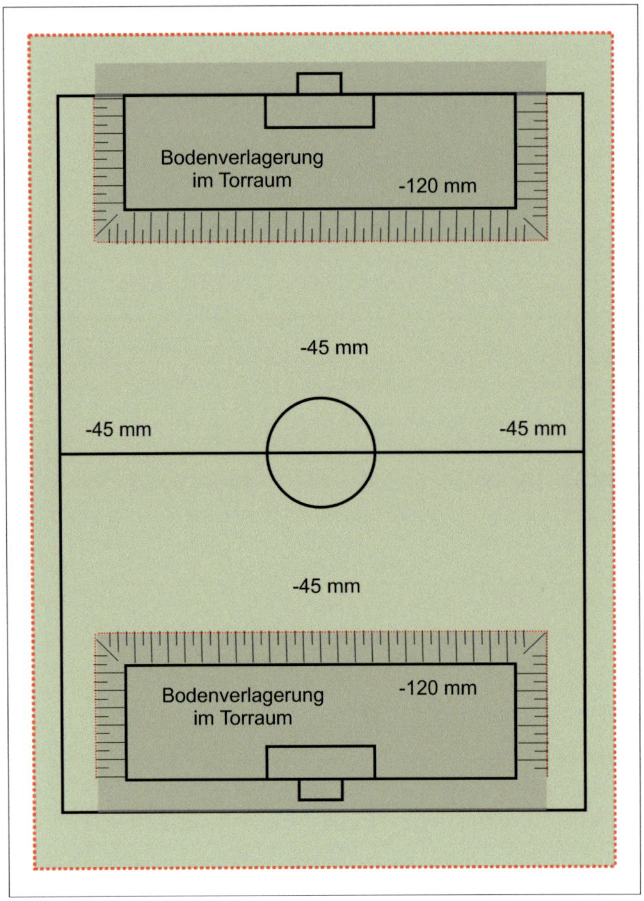

Abb. 161:
Einbautiefen horizontaler Barrieren in einem Rasenfeld

Literaturverzeichnis

BLUME, H.-P., G.W. BRÜMMER, R. HORN, E. KANDELER, I. KÖGEL-KNABNER, R. KRETZSCHMAR, K. STAHR und B.-M. WILKE, 2016. Scheffer/Schachtschabel Lehrbuch der Bodenkunde. 16. Auflage, (Nachdruck). Berlin: Springer Spektrum. ISBN 978-3-662-49959-7.

BUNDESAMT FÜR NATURSCHUTZ, 2011. BfN [online]. 26. Juli 2011 [Zugriff am: 9. Januar 2018]. Verfügbar unter: https://www.bfn.de/themen/planung/eingriffe/besonderer-artenschutz/stoerungsverbot.html#c66804

BUNDESMINISTERIUM DER JUSTIZ UND FÜR VERBRAUCHERSCHUTZ, 18. Mai 2006. Tierschutzgesetz. TierSchG [online] [Zugriff am: 12. Januar 2018]. Verfügbar unter: www.gesetze-im-internet.de/tierschg/BJNR012770972.html#BJNR012770972BJNG000103377

BUNDESMINISTERIUM DER JUSTIZ UND FÜR VERBRAUCHERSCHUTZ, 2009. Gesetz über Naturschutz und Landschaftspflege. BNatSchG [online] [Zugriff am: 20. Dezember 2017]. Verfügbar unter: https://www.gesetze-im-internet.de/bnatschg_2009/__44.htmlwww.gesetze-im-internet.de/bnatschg_2009/_44.html

BUSCH, M., S. CHOURBAJI, P. DAMMANN, K. FINGER-BAIER, S. GEROLD, A. HAEMISCH, P. JIRKOF, A. OSTERKAMP, S. OTT, S. PETERS und K. SPERKL, 2017. Fachinformation aus dem Ausschuss für tiergerechte Labortierhaltung [online]. Tiergerechte Haltung von Laborratten. FB 17 Tierphysiologie, [Zugriff am: 12. Januar 2018]. Verfügbar unter: http://www.gv-solas.de/index.php?id=35

BUSCHINGER, A. in WITTE, G.-R., 1997. Der Maulwurf. Talpa europaea. Magdeburg: Westarp-Wiss. ISBN 3894328703.

CHEMISCHE FABRIK WÜLFEL GMBH & CO. KG, 2018. Polythanol [online] [Zugriff am: 14. November 2018]. Verfügbar unter: https://www.wuelfel.de/rodentizide/polytanol/

DEUFA FALLEN PRODUKTIONS-UND VERTRIEBS GMBH, 2018. Wühlmausfallen, Bayrische Drahtfalle [online] [Zugriff am: 14. November 2018]. Verfügbar unter: https://www.deufa.de/produkte/wuehlmausfallen/bayerische-drahtfalle/

DEUFA FALLEN PRODUKTIONS-UND VERTRIEBS GMBH, 2018. Wühlmaus-Zangenfalle [online] [Zugriff am: 14. November 2018]. Verfügbar unter: https://www.deufa.de/produkte/wuehlmausfallen/wuehlmaus-zangenfalle-1-st-auf-karte/

DEUTSCHES INSTITUT FÜR NORMUNG E.V., DIN 18035-4: 2018, Sportplätze-Teil 4: Rasenflächen. Dezember 2018. Berlin: Beuth Verlag GmbH.

DEUTSCHES INSTITUT FÜR NORMUNG E.V., DIN 18915: 2018, Vegetationstechnik im Landschaftsbau. Bodenarbeiten. Juni 2018. Berlin: Beuth Verlag GmbH.

DEUTSCHES INSTITUT FÜR NORMUNG E.V., DIN 18917: 2018, Vegetationstechnik im Landschaftsbau. Rasen und Saatarbeiten. Juli 2018. Berlin: Verlag GmbH.

DEUTSCHES INSTITUT FÜR NORMUNG E.V., DIN 18919: 2016, Vegetationstechnik im Landschaftsbau. Instandhaltungsleistungen für die Entwicklung und Unterhaltung von Vegetation (Entwicklungs-und Unterhaltungspflege). Dezember 2016. Berlin: Beuth Verlag GmbH.

DEUTSCHES INSTITUT FÜR NORMUNG E.V., DIN EN 13249: 2016, Geotextilien und geotextilverwandte Produkte- Geforderte Eigenschaften für die Anwendung beim Bau von Straßen und sonstigen Verkehrsflächen (mit Ausnahme von Eisenbahnbau und Asphaltoberbau). Dezember 2016. Berlin: Beuth Verlag GmbH.

DUNGER, W., 2013. Tiere im Boden. 4., unveränderte Auflage von 1983. Die Neue Brehm-Bücherei. Bd. 327. Magdeburg: VerlagsKG Wolf. ISBN 9783894324247.

FELKE, DR.,M., INSTITUT FÜR SCHÄDLINGSKUNDE, 2018. Falle zum tierschutzgerechten Fang von Maulwürfen [online] [Zugriff am: 18. November 2018]. Verfügbar unter: http://www.schaedlingskunde.de/Diverse_htm/Maulwurfsfang.htm

FORSCHUNGSGESELLSCHAFT FÜR STRASSEN- U. VERKEHRSWESEN, (FGSV), 2016. Merkblatt über die Anwendung von Geokunststoffen im Erdbau des Straßenbaus. M Geok E; mit Checklisten (C Geok E), Ausg. 2016. Köln: ISBN 978-3-86446-141-5.

FORTMANN, M., Hrsg., 1996/1997. Wühlmäuse und Maulwürfe. Erkennen, Vorbeugen, Abwehren. Niedernhausen/ Ts.: Falken. Falken. 1664. ISBN 3806816646.

FROHMANN, M. und F. ANGERMÜLLER, Hrsg., 2003. Tabellenbuch Landschaftsbau. Stuttgart: Ulmer. ISBN 3800150794.

GANDERT, K.-D. und F. BUREŠ, 1991. Handbuch Rasen. Grundlagen, Anlage, Pflege. Berlin: Dt. Landwirtschaftsverl. ISBN 3331005029.

HAARDT, H., 2017. Insektenlarven-Dr. Haardt- Infos Engerlinge, Dickmaulrüssler & Co. [online] [Zugriff am: 12. März 2017]. Verfügbar unter: https://www.bodenschaedlinge.de/

HINTERMAIER-ERHARD, G. und W. ZECH, 1997. Wörterbuch der Bodenkunde. Systematik, Genese, Eigenschaften, Ökologie und Verbreitung von Böden. Stuttgart: Enke. ISBN 3432299710.

ISOTRONIC, MEZGER, KAY, E. K., 2018 a. Goldfinger Tiervertreiber : Wühltiere, Schlangen / Rodents, Snakes [online] [Zugriff am: 14. November 2018]. Verfügbar unter: http://www.isotronic24.de/insektenschutz/ameisen/293/goldfinger-tiervertreiber-wuehltiere-schlangen/rodents-snakes

SOTRONIC, MEZGER, KAY, E. K., 2018 b. Hawk II Solar: Wühltiere, Ameisen, Schlangen / Rodents, Ants, Snakes [online] [Zugriff am: 14. November 2018]. Verfügbar unter: http://www.isotronic24.de/insektenschutz/ameisen/297/hawk-ii-solar-wuehltiere-ameisen-schlangen/rodents-ants-snakes?c=95

KENDZIA, N., Hrsg., 2009. „Rollrasensandwich". Sanierung alter Rasenflächen [online]. Veitshöchheim: Bayrischer Landesanstalt für Weinbau und Gartenbau Abteilung Landespflege. 2009. Verfügbar unter: http://www.lwg.bayern.de/landespflege/gartendokumente/vh_berichte/079208/index.php

KNAPP in: WITTE, G.-R., 1997. Der Maulwurf. Talpa europaea. Magdeburg: Westarp-Wiss. ISBN 3894328703.

KONRAD in: DE WITT, S. und M. GEISMANN, 2013. Artenschutzrechtliche Verbote in der Fachplanung. Ein Leitfaden für die Praxis zum Bundesnaturschutzgesetz. 2. Auflage. Berlin: Alert-Verl. ISBN 9783941136304.

NIETHAMMER, J., F. KRAPP, H. HENTTONEN, C. KÖNIG, W.v. KOENIGSWALD, V.A. PEIPONEN und u. A, 1982. Rodentia II (Cricetidae, Arvicolidae, Zapodidae, Spalacidae, Hystricidae, Capromyidae). Wiesbaden: Akademische Verlagsgesellschaft. Handbuch der Säugetiere Europas. Bd.2/I. ISBN 3400004596.

PELZ, H.- J., 2003. Physikalische Verfahren der Nagetier-und Maulwurfsvergrämung in: Bodenschatz, W. 2012, Handbuch für den Schädlingsbekämpfer in Ausbildung und Praxis. Hamburg: Behr. ISBN 9783860225349.

PFLANZENSCHUTZGESETZ, PflSchG - Gesetz zum Schutz der Kulturpflanzen [online], 17 Juni 2019 [Zugriff am: 17. Juni 2019]. Verfügbar unter: https://www.gesetze-im-internet.de/pflschg_2012/BJNR014810012.html#BJNR0 14810012BJNG000300000

PPS GMBH, 2018. MAUKI GX 200 [online] [Zugriff am: 14. November 2018]. Verfügbar unter: https://www.pps-vertrieb.de/nagerabwehr/mause-und-rattenfallen/mauki-begasung/mauki-gx-200-mit-5-5-ps-honda-motor.html

VOSS GMBH & CO. KG, 2018. Wühlmausfalle, Selbstschuss, Schußapparat Auber [online] [Zugriff am: 14. November 2018]. Verfügbar unter: https://www.weidezaun.info/wuehlmausfalle-selbstschuss-schussapparat-au-ber.html?gclid=EAIaIQobChMIpYXJ2d334AIVhrUYCh2I4gaVEAYYASABEgLhgPD_BwE

WALTER, B. UND H.-J. PELZ, 2006. Versuche zum praxisgerechten Betrieb von Barrieresystemen zur Abwehr von Wühlmausschäden im ökologischen Obstbau [online] [Zugriff am: 10. Januar 2018]. Verfügbar unter: http://www.erminea.com/Paper.html

WESTFALIA WERKZEUGCOMPANY GMBH & CO KG. Wühlmaus-Röhrenfalle [online] [Zugriff am: 14. November 2018]. Verfügbar unter: https://www.westfalia.de/shops/rund_ums_haus/schutz_vor_insekten_und_nagern/schaedlingsbekaempfung/fallen_koeder_bekaempfungsmittel/2386-wuehlmaus-roehrenfalle.

WILDE, C., 2008. Lemminge. Stuttgart (Hohenheim): Ulmer. ISBN 978-3-8001-5664-1.

WITT, S. de und M. GEISMANN, 2013. Artenschutzrechtliche Verbote in der Fachplanung. Ein Leitfaden für die Praxis zum Bundesnaturschutzgesetz. 2. Aufl. Berlin: Alert-Verl. Verwaltungsrecht für die Praxis. 1. ISBN 9783941136304.

WITTE, G.-R., 1997. Der Maulwurf. Talpa europaea. Magdeburg: Westarp-Wiss. ISBN 3894328703.

Abbildungsverzeichnis

Tabellenverzeichnis

Sachregister

A

B

D

E

F

G

H

I

J

K

L

M

N

O

P

R

S

T

U

V

W

Z